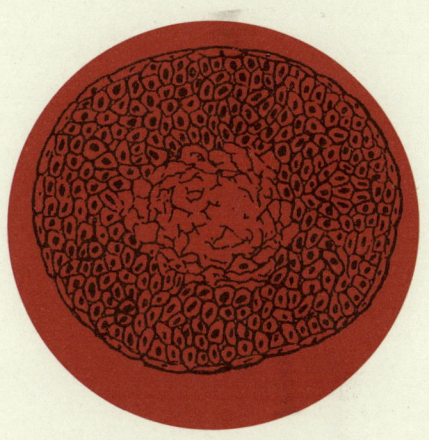

SCIENCE MASTERS

ONE RENEGADE CELL
How Cancer Begins
by Robert A. Weinberg

Copyright ⓒ 1998 by Robert A. Weinberg
All rights reserved.
First published in Great Britain by Orion Publishing Group Ltd.
The 'Science Masters' name and marks are owned and licensed by Brockman, Inc.
Korean Translation Copyright ⓒ 2005 by ScienceBooks Co., Ltd.
Korean translation edition is published by arrangement with Brockman, Inc.

이 책의 한국어판 저작권은 Brockman, Inc과 독점 계약한
㈜사이언스북스에 있습니다.
저작권법에 의해 한국 내에서 보호를 받는 저작물이므로
무단 전재와 무단 복제를 금합니다.

ONE RENEGADE CELL

세포의 반란

로버트 와인버그가 들려주는
암세포의 비밀

로버트 와인버그

조혜성 · 안성민 옮김

옮긴이의 말

반란을
일으킨
변형 세포

이 책을 내는 일에 두 가지 의미를 담고 싶다. 우선 좋은 책을 소개한다는 기쁨이다. 이 책은 암세포에 관한 등뼈와 같은 과학적 지식을 통찰력을 가지고 전달해 주면서도, 역사적 배경을 토대로 암의 과학을 추리 소설처럼 재미있게 풀어 나가고 있다. 그리고 공역자인 안성민 군에 대한 고마움이다. 그는 의학부 학생이었던 시절 암 연구와 이 분야의 대가인 로버트 와인버그에 관심을 가지면서 이 책의 번역을 제안해 왔다. 그래서 이 책은 명실 공히 한 의학부 학생과 한 의학부 교수와의 합작품이다.

전체 사망 원인의 20~25퍼센트를 차지하는 암은 모든 이에게 두려움의 대상이자 관심의 대상이다. 우리나라에서도 암 예방 및 치료에 대한 다양한 정보가 각종 언론 매체를 통해서 대중에게 전달되고 있다. 암에 대한 정보는 의학적 관점뿐만 아니라, 전통적인 민간 요법, 영양학적 관점 그리고 종교적 관점까지 포함하여 다양하게 전파되어 있다. 사회 각 분야에서는 암 치료에 대한 획기적인 방안을 제시해 달라는 요구가 늘고 있다. 이렇게 의학 및 생명과학 분야의 놀라운 발전이 계속되고 있지만, 암은 여전히 우리가 짊어지고 가야 할 거부할 수 없는 존재로 남아 있다. 암은 획기적인 치료제 하나로 하루 아침에 해결될 대상이 아니다. 따라서 이제 우리 사회에도 암 예방과 치료에 대한 산만한 정보가 아닌, 암세포에 대한 기본적인 과학적 지식과 이해가 필요로 할 때이다.

생명체에 대한 지식이 깊어짐에 따라 이제 암은 더 이상 우리가 이해할 수 없는 어떤 '기형물'이 아니라는 생각이 사회 전반에 자리 잡게 되었다. 암세포는 우리 몸을 구성하고 있는 수십조 개 세포들 중의 하나로서 단체 생활을 벗어나 독자적으로 살고 있는 변형 세포이다. 반란을 일으킨 이 변형 세포는 단체 생활의 통제를 벗어나 무한한 증식을 통해 우리에게 암의 형태로 나타난다.

이 책에서는 암의 발생 원인을 추적해 나가는 과학자들의 여러 가지 논리와 반박 등이 마치 추리 소설처럼 전개되고 있으며,

그것을 통해 암세포 형성에 대한 과학적 진실과 그 미래를 들려주고 있다. 이 책의 각 장에 담겨진 소제목을 처음 보면, 다소 엉뚱해 보여 이 책이 과연 암세포에 관한 과학적 내용을 다룬 책인가 하는 의심을 갖게 할 수 있다. 그러나 한 장을 다 읽고, 각 제목이 내포하고 있는 의미에 대해 아하! 하는 작은 감탄과 고개를 끄덕이게 된다면, 그것은 암세포에 대한 과학적 지식뿐만 아니라 로버트 와인버그가 제시하고 있는 통찰력을 공유했다는 의미이다.

교정해 주는 노고를 아끼지 않은 같은 과의 이재호 교수와 임원청 연구원에게 감사의 마음을 전한다. 책이 완성되는 마지막 단계까지 세밀함을 아끼지 않았던 (주)사이언스북스에도 감사의 마음을 전한다. 한국과학문화재단이 시행하는 과학문화 지원 사업의 한 부분으로 출간된 이 책을 통해 많은 이들에게 암세포에 대한 기초적인 과학적 지식으로 전파되었으면 하는 바람이다. 끝으로, 훗날 다시 여러 의학도들과 함께 또 다른 합작품을 만드는 일에 대해 기대해 본다.

조혜성

감사의 글

수를 헤아릴 수 없이 많은 동료 과학자들의 연구가 나로 하여금 통찰력을 가지고 이 글을 완성할 수 있게 한 원동력이었다. 페르세우스 출판사의 편집자인 윌리엄 프룩트(William Frucht)는 나의 글이 훨씬 자연스러워지도록 도와주었다. 그에게 감사의 마음을 전한다.

ONE RENEGADE CELL
세포의 반란

차례

옮긴이의 말	반란을 일으킨 변형 세포	4
감사의 글		7
1	내부의 적	11
2	암의 기원	29
3	신기루	49
4	치명적 오류	67
5	암 발달의 미니 시리즈	79
6	불난 집에 부채질하기	93
7	제동 장치	105
8	암 발달의 실례	129
9	DNA 정보의 수호자	139
10	세포의 안내자	151
11	질서의 붕괴	167
12	불멸	179
13	세포의 안락사	191
14	바늘 없는 시계	207
15	암의 진화	223
16	난치병에 종지부를 찍다	237
찾아보기		257

ONE RENEGADE CELL
세포의 반란

1
내부의 적

<u>암의 저주가 뻗치지 못하는 인체 조직은</u> 거의 없어서, 암은 두뇌와 장, 근육과 뼈까지 공격한다. 어떤 암은 천천히 자라나지만, 어떤 암은 훨씬 공격적이어서 빠르게 성장한다. 인체 조직에 존재하는 암은 조직의 정상 기능을 혼란에 빠뜨려 제 기능을 수행하지 못하게 만들며, 완벽하고 아름답고 극도로 복잡한 생물학적 기계(즉 인체—옮긴이)에 원하지 않는 변화를 가져온다. 암은 발생한 장소에 관계없이 외부 생명체의 형태, 즉 몰래 인체에 침입해서 고유의 파괴 프로그램을 가동하는 침략자로 나타난다. 하지만 이렇게 침략자처럼 보이는 암의 외형은, 실제로 암이 형성되는 과정에서 드러나는 과학적 진실과는 다르다. 그 과정은 매우 섬세하고 미묘하며,

대단히 흥미롭다.

본질적으로, 암은 외부의 침략자가 아니라 다른 모든 인체 조직을 구성하는 똑같은 재료로 만들어진 내부의 반란자이다. 암은 정상 조직과 똑같은 구성 요소, 즉 인체의 세포를 이용해서 생물학적 질서와 기능을 제멋대로 파괴하는 해로운 세포 덩어리를 만들고, 이 세포 덩어리를 막지 못하면 인체라는 복잡한 구조물——생명의 뼈대가 되는 구조물——은 무너져 내린다.

그렇다면 어떻게 개별 세포들이 모여 인체의 정상 조직과 악성 조직을 만드는 것일까? 이렇게 표현하면, 마치 어떤 총감독관이라도 있어서 일꾼들에게 정상 조직과 악성 조직을 만들라고 자세히 지시하는 듯한 인상을 받을지도 모르겠다. 사실을 말하자면, 세포들을 줄 세우고 조합해서 정상 조직이나 악성 조직으로 만드는 그런 총감독관은 없다. 살아 있는 조직의 복잡한 건축 체계는, 오히려 이를 구성하고 있는 벽돌, 즉 개별 세포에서 유래한다. 즉 감독 체계는 하부에서 상부로 이루어지며, 이러한 간단한 사실은 앞으로 이야기하고자 하는 생물체의 구조를 이해하는 데 중요하다.

정상 세포와 악성 세포는 어떻게 건물을 지어야 할지 알고 있다. 즉 각각의 세포들은 언제 성장하고 분열하며 다른 세포들과 어떠한 방식으로 뭉쳐서 조직과 장기를 만들어야 하는가에 관한 분명하고도 고유한 규칙을 가지고 있다. 따라서 인체는 나름대로 자치적인 세포들로 구성된 대단히 복잡한 사회에 지나지 않으며, 각각의 세포는 완전히 독립적인 생명체의 속성을 상당 부분 지니고 있다.

바로 여기에서 우리는 숨이 멎을 듯한 생명체의 아름다움과 무한한 위험을 동시에 직면한다. 그렇게 많은 세포들이 조화롭게 행동하면서 고도의 기능을 갖춘 하나의 협동체, 즉 인체를 창조해 낸다는 사실은 아름다움과 놀라움 그 자체이다. 하지만 총감독관이 없기 때문에 이런 대기업은 큰 위험에 빠질 수 있다. 수조 개의 일꾼 세포에게 자율성을 보장한다는 것이 엄청난 혼돈을 불러올지도 모른다. 대부분의 경우에 그렇듯이, 이런 세포들이 예의바르게 행동하고 공익을 우선한다면 놀랄 만큼 복잡하면서도 조화로운 질서를 이룬다. 하지만 때때로 세포가 공익을 무시하고 자기만의 조직이나 장기를 만들려고 할 때가 있는데, 이때 우리는 그렇게 두려워했던 혼돈——우리가 암이라고 부르는——을 목격하게 된다.

불행한 사실은, 이렇게 자기만의 길을 선택한 세포가 10억 개 이상의 군집을 이룰 때까지 인체는 이러한 반란이 일어났다는 사실을 감지하기가 어렵다는 것이다. 나중에 발견하고 보면, 종양 내의 세포들은 정상 세포와는 여러 가지 측면에서 차이가 있으며, 독특한 모양과 성장 양상, 대사를 선보인다. 그리고 이런 세포들이 갑자기 무더기로 출현한 것처럼 느껴지면서, 하룻밤 사이에 수백만 개의 정상 세포들이 대규모 개종(改宗)을 벌여 종양의 반열에 동참하는 것처럼 보일 수도 있다.

그러나 이처럼 겉으로 드러나는 것과는 달리, 사실 종양이 만들어지는 과정은 대단히 느리게 진행되어, 수십 년 이상이 걸리기도 한다. 종양을 형성하는 세포들은 모두 한 전구 세포(progenitor cell)의 직계 후손이며, 이 전구 세포는 종양 덩어리가 확연해지기 훨씬 전에 살았던 조상 세포가 된다. 아나키스트였던 전구 세포는 스스로의 길을 걷기로 결정하고 인체의 한 조직에서 나름의 성장 프로그램을 시작하며, 그 후 이 세포의 증식 여부는 자신을 둘러싼 주위 세포 사회의 질서보다는 세포의 독자적인 내부 사항에 따라서 조절된다.

결국 수백만 개의 세포를 징집한 것이 아니라 단 하나의 세포가 똑같은 사상을 가진 후손을 어마어마한 규모로 생산해 낸 것이다. 한 종양 안에 들어 있는 수십억 개의 세포들은 아나키스트인 조상의 주형을 가지고 찍어 낸 세포들이다. 이 세포들은 주위의 조직이나 생명체의 안녕에는 관심이 없으며, 조상과 마찬가지로 후손들도 한 가지 프로그램만을 염두에 두고 있다. 그것은 바로 성장, 복제 그리고 끝없는 확장이다.

이들이 초래하는 혼돈은 인체의 개별 세포에게 고유의 독립성을 부여하는 것이 얼마나 위험한지를 잘 보여 준다. 그러나 우리 몸을 비롯해 수많은 세포로 이루어진 복잡한 생명체들은 지난 60억 년 동안 이러한 방식으로 만들어져 왔다. 이 사실을 이해하면, 암이 일으키는 혼돈이 현대판 질병이 아니라, 고대부터 지금까지 모든 다세포 생명체들이 감수해 온 위험에 불과하다는 사실을 깨닫게 된다. 인체를 구성하는 세포가 수십조 개라는 사실을 생각해 보면, 길고 긴 인생을 살면서 암에 걸리지 않는 사람이 적지 않다는 것이 오히려 놀랍지 않은가?

세포의 설계도

종양이 성장하는 방식을 이해하려면 종양을 구성하는 세포를 이해해야 한다. 무엇 때문에 그 하나의 전구 세포가 일탈의 길을 걷게 되었을까? 좀 더 일반적으로 말해 보자. 정상이든 악성이든 간에 세포는 자신이 성장해야 할 시점을 어떻게 알게 될까? 세포들은 스스로 생각할 수 있는 것일까? 그렇지 않다면 살아 있는 인간의 세포 안에 어떤 복잡한 의사 결정 기구가 있어서 세포의 성장이나 휴지(休止), 그리고 죽음을 결정하는 것일까?

이 책에서 우리는 정상 세포가 가지고 있는 내부 프로그램, 즉 세포에게 언제, 어떻게 성장하고 어떻게 다른 세포들과 교류해서 조직(tissue)이라는 고도로 기능화된 사회를 이룰 것인가를 말해 주는 프로그램에 초점을 맞추고 있다. 다양한 종류의 세포들에 내장된 프로그램은 이 세포들의 행동 방식에 대한 복잡한 생물학적 설계도 또는 청사진을 나타낸다. 앞으로 보겠지만, 바로 이러한 내부 프로그램이 바뀌면 암이 시작된다. 이런 프로그램의 정상 형태와 손상된 형태를 이해한 후에야 우리는 암세포를 움직이는 추진력을 이해할 수 있다.

인체에는 수백 종류의 세포가 있으며, 이런 다양한 세포들이 모여서 독특한 조직과 장기를 이룬다. 개별 세포가 이러한 다양성을 가지고 있으므로, 서로 다른 종류의 세포는 각기 다른 종류의 설계도를 가지고 있다고 생각해 볼 수 있다. 그러나 여기에서도 우리는 직관 때문에 발을 헛디디게 된다. 사실, 뇌나 근육, 간, 신장할 것 없이, 인체의 다양한 부위에 존재하는 세포들은 보기에는 달라 보여도 실제로는 대단히 유사하며, 예상과는 다르게 모두 같은 청사진을 가지고 있다.

세포들이 같은 내부의 청사진을 가진다는 것은 세포들 간의 공통 기원으로 거슬러 올라가 추적할 수 있다는 의미이다. 종양을 구성하는 세포들처럼, 정상적인 인체를 구성하고 있는 모든 세포도 하나의 공통 전구 세포에서 온다. 결국 대가족의 친족 관계인 셈이다. 성장과 분열을 반복함으로써 단일 세포인 수정란은 완벽한 인체를 형성하는 수십조 개의 세포를 생산해 낸다. 성인을 이루는 세포의 수는 10조 개를 넘어서며, 이런 수치는 우리가 쉽게 상상할 수 없는 규모이다.

인체의 모든 세포의 지침이 되는 청사진은 전구 세포인 수정란에 존재하며, 그 후 거의 원형이 보존된 채로 인체 내의 모든 후손 세포들에게 전달된다. 이 수십조 개의 세포들은 모양도 다르고 행동도 상이하게 보이지만, 일련의 동일한 지침을 가지고 움직인다. 따라서 세포들이 공통으로 가지고 있는 내부의 청사진과 대단히 다양한 겉모습에는 엄청난 괴리가 존재한다. 이처럼 세포의 삶을 안내하는 내부 프로그램에 관해서, 세포의 겉모습은 우리에게

해 줄 말이 별로 없는 것 같다.

그러면 어떻게 단일한 공통의 청사진에서 그러한 다양성이 나올 수 있을까? 지난 수십 년에 걸쳐서 이 질문에 대한 해답이 천천히 모습을 드러냈으며, 해답은 의외로 간단했다. 세포들이 가지고 있는 복잡한 종합 계획에는 각각의 세포가 사용할 수 있는 양보다 훨씬 많은 정보가 담겨 있다는 것이다. 인체의 개별 세포들은 종합 청사진의 일부만을 선택적으로 참조하며, 가지고 있는 거대한 규모의 도서관에서 특정 정보만을 꺼내어 읽는다. 이 정보를 토대로 하여 행동을 결정하며, 결국 각각의 세포는 정보를 선택적으로 읽음으로써, 인체 어느 곳에 있든, 가까이 있든 멀리 있든 간에 친족들과 다르게 행동하는 것이다.

난자는 수정된 직후에 분열하며 두 개의 딸세포도 똑같이 행동한다. 그리고 이어지는 배아의 발달 과정은 세포가 성장하고 분열하는 격동기이다. 그 후 몇 세대에 걸쳐서 나오는 수정란의 후손들은 대단히 유사하게 보인다. 세포들은 서로 단단하게 결속되어 있으며, 산딸기 모양의 균일하고 미분화된 세포 덩어리를 형성한다. 그러나 배아의 발달이 진행되면서 이러한 세포의 후손들은 차이를 보이기 시작하며 근육 세포나 뇌세포, 혈구 세포로 갈라진다. 이렇게 독특한 운명을 선택하는 과정인 분화는 인간의 발달에서 핵심적인 미스터리이며, 발생학을 연구하는 사람들은 이 주제에 깊은 관심을 가지고 있다.

배아의 한쪽 구석에 있는 어떤 세포는 헤모글로빈에 관한 유전 정보를 읽고 적혈구가 된다. 다른 곳에 있는 어떤 세포는 소화 효소와 관련된 정보를 참조한 뒤, 췌장의 일부를 이룬다. 또 다른 세포는 전기 신호를 발산하는 방법에 관한 정보를 읽고 뇌의 일부가 된다.

배아의 개별 세포는 자신이 가지고 있는 유전자를 선택적으로 읽음으로써 분화를 통해 어떤 독특한 특성을 얻어야 할지 결정하는 것 이외에도, 또 다른 중요한 결정을 내려야 한다. 이것은 언제 성장하고 분열하며, 언제 성장을 멈춰야 하는가에 대한 결정인데, 이때에도 세포는 물론 유전적 청사진을 참조한다.

이렇게 성장에 관한 지침들은 배아 단계가 훨씬 지난 후에도 역시 중요하다. 성인의 대부분의 조직에서 세포는 끊임없이 죽고 대체된다. 실제로, 성인 조직이 정상 구조를 유지하는 능력은 간헐적으로 일어나는 세포의 손실을 재성장을 통해 끊임없이 대체하고 보충해 주는 구조에 전적으로 달려 있다. 대체가 제대로 일어나지 않으면, 조직은 퇴화되어 못쓰게 되어 버린다. 반면에 대체가 너무 많이 일어나면, 조직이 비정상적으로 확장하면서, 어쩌면 암으로 발전할지도 모른다. 세포 증식을 적절하게 제어하는 일은 생명체가 일생에 걸쳐 중요하게 다루어야 할 사안이다.

암을 이해하려면, 정상 세포의 증식을 관장하는 내부 청사진을 먼저 이해해야 한다. 그리고 이 청사진이 암세포에서는 어떻게 왜곡되어 있는지 알아야 한다. 암의 본질은 바로 이 청사진에 숨겨져 있다.

유전자와 분자

청사진이라는 개념은 정확성, 정밀함, 명료함을 포함하고 있어서, 청사진을 제대로 신중하게 작성할 수 있다면, 혼돈을 막을 수 있다. 살아 있는 세포의 내부 기관에 대해서 자세히 알려지기 이전에도, 생물학자들은 그러한 청사진이 존재해야만 한다는 사실을 깨닫고 있었다. 처음에는 청사진을 생명체 전체하고만 연관시켰지만, 나중에는 개별 세포의 삶에도 청사진이 중요하다는 사실이 분명해졌다.

오스트리아의 수도 사제였던 그레고어 멘델(Gregor Mendel)은

19세기 중엽에 생물의 유전에 관한 법칙을 확립한 사람으로, 완두의 유전 형질(꽃의 색깔이나 씨앗의 모양과 같은 형질) 전달에 관한 연구에 몰두했다. 유전 법칙에 관한 멘델의 업적은 한동안 잊혀졌다가 20세기 초반에 세 명의 유전학자에 의해 재평가되었다. 멘델의 유전학은 몇 가지 단순한 개념에 기초를 두고 있다. 첫째, 완두에서 인간에 이르기까지 모든 복잡한 생물들은 동일한 유전 법칙에 따라 부모에게서 자녀로 유전자를 전달한다. 둘째, 원칙적으로 생물의 형태는 완두에서는 꽃의 색깔이나 씨앗의 모양, 인간에게서는 눈의 색깔이나 키처럼 독특한 형질들의 다양한 조합으로 구분할 수 있다. 셋째, 이러한 각각의 형질을 추적해 들어가면, 유성 생식을 통해 부모에게서 자녀로 전해지는 눈에 보이지 않는 정보 꾸러미들의 작용을 발견할 수 있다. 이러한 정보 꾸러미들은 효율적으로 전달되기 때문에, 부모를 닮은 형질이 자손에게서 틀림없이 나타나게 된다.

이러한 정보 꾸러미들을 유전자라고 부르며, 각각의 인간 유전자들은 독특한 형질을 발현하는 역할을 담당하고 있다. 유전자에 관한 연구가 심화되면서, 한 개인이 부모에게서 물려받은 유전자들은 개별 세포의 보이지 않는 내부 작용에 이르기까지 인체의 모든 면을 지시한다는 사실이 분명하게 밝혀졌다. 그리고 종합 청사진은 이러한 유전자들의 거대한 집합에 지나지 않았다.

유전자들의 청사진이 체내 어딘가에 있는 중앙 도서관에 따로 저장되어 있는 것은 아니다. 대신에 수십조 개에 이르는 체내 세포의 대부분이 종합 청사진의 완벽한 사본을 각각 가지고 있다. 이 사실은 유전자가 복잡한 생명체를 조직화하는 방법에 대해 다시 생각하게 해 준다. 즉 유전자들은 개별 세포의 행동을 직접 제어하고 있는 것이다. 각각의 세포는 유전자의 제어를 받으며 다른 세포들과 협력해서 인체의 형태와 기능을 창조해 낸다. 그러므로 생명체 전체의 복합성은 모든 개별 세포의 집단 행위라는 것 이상의 의미를 갖고 있지 않다. 결국, 세포의 삶을 지배하는 유전자들과, 인체의 형태와 행위를 제어하는 유전자들은 동일한 것이다.

얼마나 많은 정보 꾸러미(즉 개별 유전자들)가 인체의 유전자 청사진을 구성하고 있는가에 관한 논쟁은 오랫동안 소용돌이에 휩싸여 왔지만, 현재 밝혀진 가장 신빙성 있는 예상치는 7만~10만 개이다.(2003년 인간 유전체 계획 완성 후에 약 3만 5000개로 수정되었다. ― 옮긴이) 이런 유전자들은 모두 유전자 도서관, 즉 종합 청사진을 구성하며, 이를 인간 유전체(human genome)라고 한다.

유전자 도서관이 각각의 유전자 구획으로 나뉘어 있다는 사실은 몇 가지 의미를 담고 있다. 이미 언급한 것과 같이, 세포는 서로 다른 책(즉 개별 유전자들)을 도서관의 책꽂이에서 꺼내 필요한 부분만 읽을 수 있다. 게다가 이러한 정보 꾸러미들은 부모에게서 자식으로 전달될 때 서로 분리되기도 하는데, 이 사실은 우리가 각 부모에게서 일부의 유전자만을 물려받게 되는 이유를 설명해 준다. 즉 수정란이 갖고 있는 유전자 도서관은 양쪽 부모가 전에 가지고 있던 유전자들을 섞어 놓은 것이다.

정보 꾸러미의 이미지가 구체적이지 않아서 유전자를 정보 꾸러미로 묘사하는 것이 어느 정도 불만스러울지도 모르겠다. 우리는 유전자의 물리적 실체를 다뤄야만 한다. 살아 있는 생명체의 다른 모든 구성 요소들처럼 유전자도 구체적인 사물이므로, 독특하고 확인 가능한 분자로 구체화되어야 한다.

1944년 이후에는 유전자의 본체가 DNA 분자이며, DNA 분자 안에 유전 정보가 담겨 있다는 것이 밝혀졌다. DNA의 구조는 대단히 단순하다. 각각의 DNA 분자는 이중 나선 형태로 꼬여 있는 두 가닥으로 이루어져 있으며, 각각의 가닥은 단일 구성 요소들(이것을 염기라고 부르겠다.)이 끝에서 끝까지 길게 연결된 중합체이다.

DNA의 염기, 즉 아데닌(A), 시토신(C), 구아닌(G), 티민(T)은 각각 한 가지씩 네 가지의 화학적 색채를 띠고 있으며, 중요한 사실은 이들이 어떤 순서로도 연결될 수 있다는 점이다. DNA에 담겨 있는 정보는 이 염기들의 순서로 결정된다. 염기들을 연결하는 작업은 끝없이 진행될 수 있으며, 따라서 염기들은 수천만 개 이상 연결되는 긴 가닥을 형성할 수 있다. 이렇게 대단히 긴 가닥의 한 부분을 찍어 보면, ACCGGTCAAGTTTCAGAG와 같은 특별한 배열이 나타날 수 있다. 현대의 유전자 관련 기술은 염기 서열을 결정할 수 있는 단계에 이르렀고, 이러한 공정을 'DNA 염기 서열 결정(DNA sequencing)'이라고 한다. 현재, 박테리아에서 기생충, 초파리 그리고 인간에 이르기까지, 다양한 생명체들의 수천만 개 이상 되는 염기 배열들이 밝혀지고 있으며 또한 완성되었다.

DNA의 염기 순서를 다양하게 바꿀 수 있다는 사실은, 이론적으로는 어떠한 정보라도 DNA 분자 안에 암호화할 수 있다는 것을 의미한다. 네 개의 글자만으로 이루어진 조합으로는 정보를 제대로 전달하지 못하리라고 생각할 수 있다. 하지만 사실 글자 네 개면 충분하고도 남는다. 모스 코드는 세 개의 글자(점, 선, 여백)로, 컴퓨터의 이진수는 두 개의 글자(0과 1)로 이루어져 있지만 정보를 무한대로 전달할 수 있는 것과 마찬가지이다.

DNA의 이중 나선은 꼬여 있는 두 가닥에 두 벌의 유전 정보를 싣고 있다. 1953년에 제임스 왓슨(James Watson)과 프랜시스 크릭(Francis Crick)이 이룬 기념비적인 발견 이후로, 한쪽 가닥의 A는 항상 상대편 가닥의 T와 마주 보고 있다는 사실이 밝혀졌다.(C는 필연적으로 상대편 가닥의 G와 마주 본다.) 따라서 한쪽 가닥의 ACCGGTCAA라는 배열은 다른 쪽 가닥의 TGGCCAGTT라는 배열과 짝을 이루어 꼬여 있다.

한쪽 가닥의 염기 서열이 다른 가닥의 서열을 지시하고 있기 때문에 상보적인 언어로 적혀 있기는 하지만, 한쪽 가닥이 가지고 있는 정보는 다른 가닥에도 존재한다. 이러한 이중성에는 많은 이점이 뒤따르며, 가장 중요한 이득은 이렇게 함으로써 이중 나선이 복제될 수 있다는 사실이다. 그림 1에 나타나 있는 두 가닥은 분리된 뒤에 각각 새로운 상보적 가닥을 복사해 내는 원형으로 사용될 수 있으며, 새로 복사된 가닥이 이 원형 주위를 감으면서 결국 서로 동일할 뿐만 아니라 모(母)이중 나선과도 동일한 두 가닥의 이중 나선이 만들어지는 것이다.

이렇게 염기 서열을 복제하는 일은 세포가 성장하고 분열할 때 대단히 중요하며, 이 과정에서 모세포는 미래의 딸세포 각각에

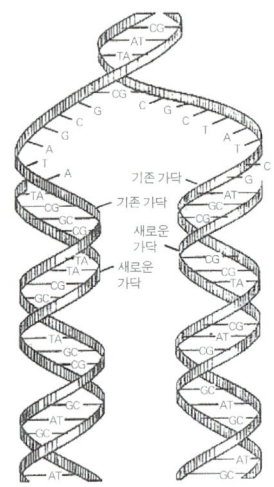

그림 1
DNA의 복제

게 자신이 가지고 있는 DNA 나선을 정확하게 복제해서 물려줄 준비를 한다. 모세포에서 딸세포로 이어지는 이러한 전달 과정 덕분에, 처음에는 수정란 하나에 들어 있던 DNA가 연속되는 수백 회의 세포 분열을 통해 인체를 형성하는 수십조 개의 후손 세포들 모두에게로 안전하게 전달될 수 있는 것이다.

그렇다면 유전자라는 추상적인 개념이 DNA 분자라는 물리적 구조에 어떤 식으로 정확하게 연결될 수 있을까? 염색체 하나에 담겨 있는 DNA의 이중 나선은 염기 길이의 수억 배에 달하기도 한다. 이렇게 엄청나게 긴 가닥의 염기들은 별개의 구획, 즉 정보 구획들로 나뉘며, 각각의 구획은 하나의 유전자를 이루고 있다. 평균적으로 인간의 유전자 한 개는 수만 개 정도의 DNA 염기를 가지고 있으며, 4진수의 염기 서열로 쓰여진 특별한 마침표가 유전자의 양 끝을 구별해 준다. 영어로 글을 쓸 때, 문장의 첫 부분은 들여쓰기를 한 뒤 대문자로 시작한다. 반면에 유전자에서는 수십, 수백 개의 염기로 이루어진 특별한 서열이 시작 지점을 알린다. 마침표로 끝나는 문장의 끝과 마찬가지로, 유전자의 끝 부분도 명확한 마침표 역할을 하는 독특한 염기 서열을 가지고 있다. 보통, 유전자의 끝 부분에는 나선을 따라 다음 유전자의 시작을 알리는 마침표 서열이 나타나기 전까지 수천 개의 의미 없는 염기 서열이 뒤따른다.

인간 유전체는 약 30억 개의 DNA 염기로 구성되어 있으며, 이들은 각각의 유전자를 나타내는 7만~10만 개의 조각으로 나뉜다. 어쨌든 이러한 유전자들은 세포 내에서 다양한 조합을 이루면서 극도로 복잡한 인체 조직을 만들어 내며, 여기에는 무한할 만큼 복잡한 기관인 뇌도 포함된다.

유전자와 DNA 나선, 염기 서열에 관한 지금까지의 이야기는 전체 인간 생물학—사실 지구의 모든 생명체—을 이해하는 데 필요한 기초 지식을 제공해 준다. 하지만 이 책에서 우리는 이렇게 복잡한 조직의 작은 단면, 즉 암에 관심을 두고 있다. 유전자가 세포에게 어떻게 지령을 내리고, 그 지령을 받은 세포들이 어떻게 협력해서 조직과 생명체를 구성하게 하는가에 관한 복잡한 문제는 제쳐 두고, 어떻게 유전자가 개별 세포의 성장에 영향을 미치는가라는 다소 좁은 범위의 문제에 초점을 맞추게 될 것이다.

이제 개별 세포에게 성장의 시작과 정지를 지시하는 작은 유전자 세트를 다루어 보자. 이 유전자들은 우리를 암이라는 골칫덩어리의 핵심부로 곧장 데려다 줄 것이며, 암의 기원을 설명해 주고, 언젠가는 우리에게 암을 치료할 방법을 가르쳐 줄 것이다.

2
암의 기원

세포와 유전자에 관한 논의는 접어 두고, 이번에는 이와는 완전히 다른 각도에서 인간과 질병을 연구하고 기술하는 학문인 역학(epidemiology)으로 방향으로 돌려서 암의 기원을 이해해 보도록 하자. 역학자(epidemiologist)들은 대규모 집단에서 일어나는 질병에 관해 연구하며, 특별히 암 역학자들은 다양한 집단에서 나타나는 암의 발생 빈도를 연구한다. 이들이 연구하는 주제의 구심점에는 거의 언제나 이런 질문이 놓여 있다. 다양한 종류의 행동 방식과 환경이 특정 암의 발생 빈도에 어떠한 영향을 미치고 있는가? 암의 발병이 과학적 연구 주제로서 관심을 모으게 된 것은 그리 오래전 일이 아니다. 19세기까지만 해도 사람들은 암을 주로 나이 든 사람이 걸리는 희귀한 질병이라고 생각했다. 19세기 초반, 많은 유럽 국가의 평균 수명은 약 35세에 지나지 않았으며, 노년에는 암에 걸릴 만한 사람들도 전염병이나 영양실조, 사고에 의해 훨씬 먼저 사망해 버렸다.

어쩌다 암이 발병한 경우에도, 사람들은 암을 우연한 사고 또는 하느님의 저주로 간주했다. 하지만 18세기 말엽에 축적된 여러 증거에 힘입어, 암의 출현이 바로 특정 환경이나 생활 습관과 관련 있다는 새로운 가설이 제기되었다. 이러한 새로운 인식 관점은 특정한 인구 집단에 만연해 있던 특정 암을 연구하던 의사들에게서 비롯되었다.

이러한 관점의 연구로서 가장 유명할 뿐만 아니라 처음으로 발표된 것은 1775년에 런던의 의사였던 퍼시벌 포트(Percival Pott)가 어렸을 때 굴뚝 청소부로 일했던 남성에게 발생한 고환암에 관해 작성한 연구 보고서이다. 이것은 특정한 매개체나 노출이 암의 발생과 밀접한 관계를 맺고 있다는 사실을 보여 주는 첫 번째 예이다. 얼마 지나지 않아서 마찬가지로 런던에서 일하던 한 외과 의사가 코담배를 사용하던 남성에게서 코에 생기는 암의 발병 빈도가 훨씬 높다는 사실을 보고했다.

19세기에 이르러 이러한 보고서들이 간헐적으로 발표되면서 새로운 인식 체계를 강화했다. 독일에서는 우라늄 원광을 캐는 광부들이 당시 일반인에게는 드문 질병이었던 폐암에 잘 걸린다는 사실이 발견되었다. 20세기 초반에는 새로이 발견된 엑스선과 관련된 일을 하는 사람들이 피부암이나 백혈병에 걸릴 위험이 높다는 사실이 밝혀졌다. 손목시계의 바늘에 발광용 라듐을 칠하던 여성들이 설암에 걸렸다는 진단을 받았는데, 이는 붓의 털을 혀로 핥는 것과 관련이 있었다. 1850년대 초반부터는 담배를 피우면 폐암에 걸릴 위험이 높다는 사실이 관찰되었고, 흡연자 집단은 비흡연자 집단에 비해 20~30배까지 암 발병률이 높았다.

암의 위험은 국가들 간에도 엄청난 차이를 보였다. 아프리카 일부 지역에서의 간암 발병률은 영국보다 18배나 높았고, 위암은 미국보다 일본에서 11배가 높았다. 미국에서는 대장암 발병률이 아프리카의 어떤 지역보다 10~20배가 많았다. 이렇게 확연하게 차이가 나는 것은 사람마다 암에 대해 타고난 감수성이 다르기 때문이 아니라는 것이 판명되었다. 다른 곳으로 이주한 사람들의 자녀들의 암 발병률은 새로 이주한 지역의 양상을 그대로 따르고 있었던 것이다.

분명한 것은, 특별한 원인 없이 자연 발생적으로 인체의 조직이 변형되어 암이 발생한다는 이론은 이제 설득력이 없으며, 새로운 이론이 훨씬 더 매력적이라는 사실이다. 즉 생활 방식, 식생활, 환경처럼 인체에 영향을 미치는 외부 인자들이 암의 발병에서 중요한 역할을 하고 있다는 것이다. 20세기 초반에 시작되었던 이러한 획기적인 사고의 전환은 우연히 또 다른 혁명과 같은 시기에 이루어졌고, 이 혁명은 전염병에 관한 우리의 이해를 흔들어 놓았다. 19세기 말엽에 로베르트 코흐(Robert Koch)와 루이 파스퇴르(Louis Pasteur)는 특정한 원인 매개체, 즉 박테리아와 바이러스를 추적해, 치명적인 질병이 이러한 매개체를 통해서 일어날 수 있다는 것을 밝혀냈다. 이제 인간의 질병이 마구잡이로 변덕스럽게 일어나는 자연의 소행이 아니라 구체적인 특정 원인들의 결과라는 것이 알려진 것이다.

이런 도약 덕분에 우리는 암이라는 골칫덩어리를 새롭게 정의하고 조명할 수 있게 되었다. 이제 암의 수수께끼는 다음과 같은 특별한 관점에서 연구되고 있다. 즉, 생활 방식과 식생활은 어떻게 인체 내부 깊숙한 곳에 존재하는 조직의 행동에 영향을 미치는가? 이 수수께끼를 풀려면 정상 세포든 악성 세포든 간에 개별 세포의 관점에서, 그러한 세포의 성장을 촉진하는 기관의 관점에서 암의 특성을 다루어야 할 것이다. 복잡한 현상을 단순한 기본 메커니즘까지 쪼개는 이런 환원주의적 방식은 곧 현대 암 연구의 중심 주제가 되었으며, 20세기 말엽에는 암 연구에서 큰 성과를 거두었다.

암 유발 물질과 표적 유전자

무작위로, 그리고 자연스럽게 인체 조직이 변형되어 암이 생기는 것이 아니라 어떤 물질들이 적극적으로 암을 발생시킨다는 개념은 많은 암 연구가의 생각을 완전히 바꾸어 놓았다. 외부 매개체가 암을 유발한다면, 그 매개체를 포착해서 이들의 작용 방식을 연구할 수 있을 것이다. 어쩌면 암을 일으키는 매개체와의 최초 접촉에서부터 암의 발생까지의 전 과정이 밝혀질지도 모를 일이었다. 그래서 19세기 말엽까지 전 세계의 과학자들은 쥐나 토끼를 비롯한 실험 동물을 상대로, 이제까지 습득한 획기적인 사고의 전환을 기반으로 삼아 실험적으로 암을 만들어 내는 일에 힘을 쏟았지만, 한동안 별다른 성과를 거두지 못했다.

첫 번째 개가는 20세기 초반 일본에서 울려 퍼졌다. 야마기와 가쓰사부로(山極勝三郞)는 유럽의 굴뚝 청소부의 사례에서 교훈을 얻었다. 포트가 런던의 굴뚝 청소부에게서 고환암이 높은 비율로 나타난다는 것을 처음 관찰한 지 수십 년 후에, 다른 연구자들이 미국의 굴뚝 청소부들은 고환암에 걸리는 비율이 훨씬 낮다는 사실을 발견했는데, 이러한 차이는 개인의 위생 습관과 연관이 있어 보였다. 영국의 굴뚝 청소부는 18세기에 살던 대부분의 시골 사람처럼 거의 목욕을 하지 않았지만, 미국의 굴뚝 청소부는 목욕을 자주 했던 것이다. 연구자들은 굴뚝을 청소할 때 피부에 달라붙은 굴뚝의 콜타르를 빨리 씻어 내지 않으면 암이 생긴다고 생각했다.

이 사실에 입각해서, 야마기와는 콜타르 유도체를 토끼의 귀에 반복해서 발라 주는 실험을 했다. 수십 개월 후에, 마침내 토끼의 귀에 피부암이 발생했다. 이전의 다른 연구자들은 실험을 너무 일찍 포기했거나 콜타르를 반복해서 발라야 할 필요를 인식하지 못했기 때문에 암을 유발하는 데 실패했던 것이다.

야마기와의 실험은 특정한 매개체를 가지고 실험실에서도 원하면 암을 일으킬 수 있다는 사실을 직접 보여 주었다. 이런 식으로 토끼 귀의 암, 그리고 어쩌면 모든 암의 원인을 밝혀낼 수 있었다. 그러나 이러한 발견은 마찬가지로 또 다른 커다란 의문점을 다시 부각시켰다. "그렇다면 콜타르와 같은 화학 물질은 어떻게 암을 일으키는가?" 여하간, 암을 일으키는 화학 물질은 인체 조직에 있는 세포로 들어가서 암을 성장시켰다. 암 자체는 침입자가 아닌 것이다. 오히려 진정한 침입자는 발암 물질(이 경우에는 콜타르)이었다.

엑스선도 암을 유발한다는 관찰 결과 이후에 수수께끼는 더욱 미궁으로 빠져 들었다. 빌헬름 뢴트겐(Wilhelm Röntgen)이 1895년에 발견한 엑스선은 뼈의 촬영과 그 외 다양한 일에 광범위하게 사용되었다. 그런데 엑스선에 노출되었던 많은 환자들뿐만 아니라 엑스선 기계를 다루던 기사들도 피부암과 백혈병에 걸리는 사례가 나타났다. 암을 유발하기는 했지만 분명히 아무런 연관이 없는 두 매개체, 즉 화학 물질과 엑스선 사이에 어떤 관계가 숨겨진 것일까? 둘 다 독성이 있으며, 인체 조직을 상하게 하고 세포를 죽일 수 있었다. 하지만 세포를 죽이는 것과 암이 무슨 연관이 있을까? 암은 조직에 세포가 과도하게 많아지는 현상으로, 독성 물질이 조직의 세포를 소실시키는 것과는 정반대의 현상이다.

1930년대에 이르러서 영국에서는 화학자들과 암 연구자들이 손을 잡음으로써 콜타르에 관한 수수께끼에 훨씬 정확하게 초점을 맞출 수 있었다. 이들은 콜타르가 실제로는 수백, 수천 가지의 서로 다른 화학 물질의 혼합물이라는 사실을 발견했다. 화학자들은 타르를 구성하고 있는 화학 물질을 분리해 냈고, 암 연구자들은 각 물질의 발암 능력 여부를 동물을 상대로 실험한 결과, 어떤 물질들은 상당한 발암 능력을 지닌 것을 확인할 수 있었다. 이제 화학적 발암 메커니즘에 관한 수수께끼를 좀 더 정확하고 새롭게 설명할 수 있게 되었다. 즉 암은 3-메틸-콜란트렌(3-methyl-cholanthrene)이나 디메틸벤잔트라센(dimethylbenzanthracene)과 같은 특정 화학 물질에 의해 유발되기도 하며, 물론 엑스선도 암을 유발할 수 있다.

한 단계 진보하기는 했지만, 이런 화학 물질들이 어떻게 암을 유발하는가라는 근본 문제는 아직 오리무중이었다. 암 연구에서 흔히 일어나는 일이지만, 이 문제의 해결에 전기가 된 사건은 암과는 무관해 보였다.

이 경우에 가장 주목할 만한 아이디어들은 초파리의 유전에 관한 연구에서 찾아볼 수 있으며, 20세기 초반에 과학자들은 초파리가 인간과 대단히 유사한 유전 체계를 구현하고 있다고 생각했다.

게다가 초파리의 유전자들은 변화에 민감했다. 정상적인 초파리의 자손은 부모와 식별하기 힘들다. 하지만 1930년대에 허먼 멀러(Hermann Muller)는 엑스선에 노출된 초파리들이 상당히 다른 형질을 갖는 자손을 일정한 빈도로 생산한다는 사실을 발견했다. 이런 새로운 형질들은 다음 세대로 그리고 계속해서 후대로 전해지기도 했다.

멀러는 한 세대에서 다음 세대로 정확하게 잘 보존되어 전달되는 것처럼 보이던 유전 물질이 변할 수 있다고 결론지었다. 유전학 용어를 빌리자면, 유전 물질에 돌연변이가 일어날 수 있었던 것이다. 엑스선을 유전 물질에 투사하면 유전 물질의 정보를 바꿀 수 있었고, 따라서 과학적 사고와 용어는 다음과 같이 변했다. 즉 엑스선은 유전자 돌연변이를 일으킬 수 있다.

엑스선이 유발하는 예측 불가능한 유전적 변화(돌연변이)들은 보통 치명적이었다. 그러나 때로는 드물지만 이러한 유전적 변화가 초파리의 생명에 영향을 미치지 않는 경우가 발생했으며, 초파리는 유전자 변이에도 불구하고 살아남았다. 그 동안 진행된 많은 연구 가운데 하나로, 빨간 눈 유전자에 관한 연구가 있다. 엑스선을 쪼이고 나면 돌연변이가 일어난 유전자는 색소가 결핍된, 따라서 거의 순백색의 눈을 만드는 원형(template)으로 작용했고, 이렇게 눈이 하얀 특성은 후대에 영속적으로 전달되었다.

제2차 세계 대전이 끝날 무렵, 초파리에 돌연변이를 일으키는 화학 물질들이 발견되었다. 그중의 하나가 반응성이 대단히 높은 겨자가스로서, 제1차 세계 대전의 가스전 때 사용되었던 물질과 유사하다. 엑스선과 마찬가지로, 이 물질에 노출된 초파리의 후손들은 눈의 색깔이나 다리 또는 털의 발달처럼 독특한 특성을 부여하는 유전자의 돌연변이형을 후대에 물려주었다.

1950년경, 몇몇 유전학자들이 화학 물질과 엑스선 및 돌연변이에 관해 축적된 정보들을 취합해서 대통일장 이론을 내놓았지만, 사실 그 이론은 추측에 지나지 않았다. 이론의 요지는 다음과 같다.

"엑스선과 특정 화학 물질들은 암을 유발할 수 있다. 또한 엑스선과 암은 유전자에 돌연변이를 유발할 수 있다. 따라서 이렇게 암을 일으키는 인자들은 여기에 노출된 동물들의 유전자에 돌연변이를 일으켜 암을 유발한다. 서로 다른 이름으로 불리지만, 발암 인자(암을 일으키는 인자)는 실제로 돌연변이원(돌연변이를 일으키는 인자)이며, 이 두 과정은 얽히고설켜 있다."

이 이론에는 초파리의 유전자와 인간의 유전자가 동일하게 행동한다는 생각이 내포되어 있었으며, 이 개념은 1950년대에 인기가 높았다. 초파리와 인간 세포의 유전자가 모두 DNA 분자에 들어 있다는 사실이 발견되었고, 또한 벌레부터 초파리, 인간에 이르기까지 모든 복잡한 생명체의 세포들이 대단히 유사한 방식으로 구성되어 있다는 사실이 알려졌다. 따라서 어떤 생명체를 미루어 다른 생명체를 짐작하는 일은 꽤 든든한 논리에 기반을 둔 것처럼 보였다.

이렇게 돌연변이원에 의해 유발된 돌연변이들은 몇 가지 수수께끼를 던져 주었다. 유전학자들은 계속해서 후대로 전달되는 돌연변이 유전자를 연구했지만, 암의 돌연변이원들은 생명체의 몸 여기저기 국소적인 부위에 위치한 세포들의 유전자에 손상을 주는 것처럼 보였다. 따라서 이런 유추가 뒤따랐다.

"어떤 유전자들이 손상되면, 이 돌연변이 세포는 그 생명체 내에서 통제 불능 상태로 증식하기 시작할 것이며, 곧 암이라고 알려진 일군의 후손 세포들을 생산하게 된다."

유전학에는 두 종류가 있다. 하나는 부모에게서 자식으로 이어지는 유전자 전달을 설명해 주며, 다른 하나는 조직 내의 한 세포에서 같은 조직 내의 후손 세포들로 이어지는 유전자 전달을 설명한다. 후자의 경우, 유전자들이 돌연변이를 일으키는 발암 물질의 공격을 받더라도 이로 인한 돌연변이가 후대로 전달될 가능성은 거의 없다. 장관이나 뇌, 폐 등에 있는 세포들의 유전자는 아무리 심하게 손상받는다고 할지라도 후손의 유전자에 영향을 미치지는 않는다. 정소나 난소에 위치한 정자나 난자가 가지고 있는 유전자에 영향을 미치는 돌연변이만이 다음 세대로 전달될 수 있다.

이런 이분법적 설명을 간단히 말하면 다음과 같다. 즉 생식 세포(정자나 난자) 내의 돌연변이는 후대로 전달되지만, 체내의 다른 곳에서 일어나는 돌연변이는 전달되지 않는다.

이러한 체세포 돌연변이(somatic mutation)는 암을 유발하는 중요한 사건들과 관련된 유력한 후보자이다.

1953년에 왓슨과 크릭이 DNA의 이중 나선 구조를 발견한 이후로, 유전자와 돌연변이에 관한 이런 가정들은 더욱 분명하게 재구성되었다.

"만약 유전자가 지니고 있는 정보가 DNA 염기 서열 속에 암호화되어 있다면, 돌연변이는 DNA 구조의 변화, 즉 각각의 유전자를 이루고 있는 DNA 염기 서열의 변화일 수밖에 없을 것이다. 그리고 발암 물질이 돌연변이원이라는 가설이 옳다면, 암세포의 DNA 염기 서열은 변화되었어야만 할 것이고, 정상 세포에는 존재하지 않는 정보를 지니고 있는 이런 변화된 DNA 염기 서열 때문에 연유야 어찌 되었든 암세포는 조절이 불가능한 성장을 계속할 것이다."

발암 물질-돌연변이원 가설은 매력적이기는 하지만, 암의 원인과 관련된 복잡한 현상을 단순한 한 가지 메커니즘으로 축소해 버렸다. 하지만 이 가설을 규명하는 일에 그 후 30여 년이 소요되었다. 흔히 그래 왔듯이, 이때에도 유전학 이론은 당시 실험으로 증명할 수 있었던 범위보다 훨씬 앞서 가고 있었다.

발암 물질은 돌연변이원

1930년대에는 다양한 화학 물질을 실험 동물에 주입해 암을 유발할 수 있다는 사실이 분명해졌다. 그러자 곧 실험 동물에게 암을 유발하는 일에 몰두하는 암 연구자들이 생겨났다. 그들이 선호하던 동물은 주로 쥐나 토끼였고, 이 동물들은 생물학적 특징이 인간과 유사한데다가 대량으로 사육할 수도 있고 오랫동안 화학 물질에 반복해서 노출시킬 수 있다는 장점을 가지고 있었다. 제2차 세계 대전이 끝나면서 화학 산업에 의해 수백, 수천 개의 새로운 화합물이 나타나기 시작하면서 잠재적인 발암 물질을 확인하는 일은 전보다 더욱 절실해졌다.

1960년대에 설치류를 대상으로 한 실험에서 암을 유발하는 수많은 화학 물질이 밝혀졌다. 상당수는 인간에게서도 암을 유발할 것으로 추정되었지만, 의도적으로 인간을 그런 물질에 노출시킬 수는 없었기 때문에 대부분 증명할 수는 없었다. 설치류에게 암을 일으키는 화학 물질은 시장에서 회수되었으며, 사용할 수 있다고 하더라도 그 용도가 엄격하게 제한되었다.

설치류를 이용한 발암 물질 실험은 다양한 분자 구조를 지닌 여러 종류의 화학 물질들이 잠재적인 발암 물질이라는 사실을 보여 주었다. 체내 및 세포 속에 들어간 이러한 화학 물질은 세포 내의 다양한 표적 분자와 결합하여 어떤 방식으로든 이들을 변화시키거나 심지어 손상시킬 것이라고 추정되었다. 다양한 화학 물질이 암을 일으킨다는 사실은 세포 내의 표적 분자들이 다양하다는 사실을 시사한다.

생쥐(mouse)나 쥐(rat)에게서 암을 유발하는 정도가 화학 물질마다 크게 차이가 난다는 관찰을 통해 또 다른 중요한 사실을 알아낼 수 있다. 어떤 화학 물질은 수백 밀리그램을 수십 개월에 걸쳐 투여해야만 암을 유발하지만, 어떤 화학 물질은 1, 2그램을 한두 번 투여하는 것만으로도 충분하다. 이렇듯 암을 유발하는 능력은 100만 배 이상이나 차이가 날 수도 있다. 실험한 화학 물질 중에서 가장 강력한 발암 능력을 보인 것 중의 하나는 자연 상태에서 상한 땅콩이나 곡류에서 자라는 곰팡이가 만들어 내는 아플라톡신이었다. 아플라톡신은 극소량으로도 설치류에게 대단히 효과적으로 간암을 유발하며, 아프리카에서의 역학 연구에서 볼 수 있듯이 인간에게도 같은 효과를 보인다.

수많은 발암성 화학 물질은 암의 기원을 명료하게 밝혀 주기보다는 오히려 혼란스럽게 만든다. 이렇게 산더미 같은 증거들을 어떻게 몇 가지 단순한 원칙으로 단순화할 수 있을 것인가? 다시 말해, 이런 화학 물질들의 작용이 발암 물질-돌연변이원 가설을 어떻게 설명해 줄 수 있을 것인가?

1970년대 중반에 캘리포니아 주립 대학교 버클리 캠퍼스에서 연구하던 유전학자인 브루스 에임스(Bruce Ames)는 이 수수께끼를 푸는 한 가지 열쇠를 제공했다. 초기에 에임스는 박테리아 유전자가 작용하는 방식에 대한 연구를 했다. 박테리아 유전학이 대개 그랬듯이, 그의 연구도 파급 효과가 대단히 컸는데, 이는 바로 박테리아 유전자들이 더 복잡한 생명체의 유전자와 상당히 유사한 행동 방식을 보였기 때문이다. 박테리아 유전자도 DNA 분자에 암호화되어 있으며, 인간의 유전자와 마찬가지로 돌연변이에 취약하다. 엑스선을 비롯해 인간의 유전자에 손상을 입히는 화학 물질들은 박테리아에도 동일한 효과를 보였다.

박테리아 유전자 연구는 인간이나 쥐를 대상으로 한 유전자 연구에 비해 한 가지 중요한 이점을 가지고 있다. 박테리아는 적은 비용을 들여도 신속하게 엄청난 숫자로 늘어나며, 증식에 몇 개월이 소요되는 쥐와는 달리 20분마다 증식한다. 따라서 1960~1970년대 유전자 연구의 원동력은 대부분 박테리아 유전학의 성과였다.

에임스는 다양한 화학 물질의 상대적인 돌연변이 유발 능력을 측정할 수 있는 단순한 방법을 개발하고자 배양 접시에서 자라나는 살모넬라균의 유전자를 실험물로 활용했다. 널리 사용되고 있는 에임스 테스트에서는 해당 유전자에 돌연변이가 있는 박테리아만이 살아남아 배양 접시에서 쉽게 군락을 이루며 증식하는 반면, 정상 박테리아는 살아남을 수 없게 하는 조건에 기반을 두고 있다. 따라서 실험 물질의 돌연변이 유발 능력은, 박테리아가 뿌려진 배양 접시에 화학 물질을 투입해 박테리아의 유전자에 돌연변이를 일으키게 한 후, 곧 접시에 나타나는 군락의 수를 셈으로써 간단하게 측정한다. 군락의 수는 실험 물질의 돌연변이 유발 능력에 비례해서 증가한다.

에임스는 이런 식으로 수많은 발암 물질을 실험했고, 그의 실험 결과는 의미 있는 연관성을 보여 주었다. 박테리아에서 돌연변이 유발 능력이 대단히 뛰어났던 화학 물질은 실험용 설치류에게도 발암 능력이 뛰어났으며, 박테리아에서 돌연변이 유발 능력이 약한 화학 물질은 설치류에게도 발암 능력이 부족한 것처럼 보였다.

처음으로 발암 물질-돌연변이원 가설에 실험이라는 버팀목이 세워지는 순간이었다. 화학 물질의 발암 능력은 세포 내의 유전자에 손상을 입히는 능력에서 기인한다는 주장이 더욱 설득력을 얻는 것처럼 보였다. 실제로 돌연변이 유발 능력과 발암 능력 사이에는 긴밀한 연관 관계가 있었다.

에임스 테스트가 가져다 준 또 하나의 행운은 이제 새로 개발된 화학 물질의 잠재적 발암 능력을 하루나 이틀 만에 측정할 수 있게 되었다는 것이다. 이 방법은 그 전까지 인간이 노출될 가능성이 있는 화학 물질의 안정성을 실험하기 위해 몇 년 동안 설치류를 이용해 실험한 것에 비해 100배나 비용이 적게 들었다. 에임스 테스트에서 양성 결과가 나오면, 그 화학 물질의 개발에는 거의 예외 없이 먹구름이 끼었다.

물론 모든 실험이 모두 그렇게 단순했던 것은 아니었다. 에임스 테스트에서 음성으로 나왔던 화학 물질 중 일부는 나중에 설치류와 인간에게 암의 발생률을 상당히 증가시키는 것으로 판명되었는데, 그 대표적인 예가 석면과 알코올이다. 한편 대단히 효과적으로 박테리아 유전자에 돌연변이를 일으킨 물질들이 포유류에게는 다소 약한 발암 물질인 것으로 판명되기도 하였다.

하지만 요점은 분명했다. 즉 돌연변이원은 세포에 들어가서 유전자에 손상을 입혀 암을 유발한다는 것이다. 얼마 되지 않아 많은 발암 물질들이 DNA 분자, 그중에서도 이중 나선의 염기들과 직접 반응하여 그 구조를 변화시킴으로써 DNA가 지니고 있는 유전 정보에 영향을 미친다는 사실이 밝혀졌다. 이는 돌연변이원에게서 예측되던 행동과 정확하게 일치하는 것이었다.

많은 발암 물질이 DNA를 손상시킴으로써 돌연변이 유전자를 만들 수 있다는 에임스와 다른 연구자들의 발견 덕분에 발암 물질-돌연변이원 가설은 힘을 얻게 되었다. 하지만 이 가설은 아직 암의 기원에 관한 수많은 이론 중 하나에 불과하며, 다른 이론들을 제치고 정설로 받아들여지기에는 아직 핵심적인 증거를 갖추지 못했다. 만약 발암 물질이 유전자를 변화시켜 암을 유발한다면, 암세포에는 반드시 돌연변이 유전자가 있을 것이다. 이 유전자를 찾아야만 했다. 이것을 찾지 못한다면 발암 물질-돌연변이원 가설은 암이라는 복잡한 질병을 설명하려다 결국 실패한 수많은 가설들과 함께 묻힐 운명에 빠지게 될 것이었다.

3
신기루

1970년대 중반에 에임스를 비롯한 수많은 발암성 화학 물질 연구자들은 암의 기원에 관한 단순 명료한 설명에 흠뻑 빠져 들었고, 이 새로운 이론을 널리 설파하기 시작했다. 그들의 메시지는 "암은 인체 조직 내의 세포 깊숙한 곳에 위치한 유전자에 손상을 입히는 화학적 또는 물리적 손상에 의해 유발된다."는 것이었다. 한편, 다른 일단의 암 연구자들은 이와 상반되는 견해를 설파했다. 이들은 화학 물질 연구가 확증적이지 못하며 암이 감염에 의한 질환이라는 견해를 가지고 있었다. 이 학파는 암이 감염 질환이며, 따라서 돌연변이를 일으키는 화학 물질이나 방사선에 의해 발병하는 것이 아니라 미생물에 의해 전파된다고 설명했다.

그 후보로 떠오른 미생물은 세포보다 한 차원 낮은 형태의 생명체인 바이러스였다. 바이러스는 단백질과 지질 껍질에 싸여 있는 유전자 묶음에 지나지 않으며, 세포에서 세포로 옮겨 다닌다. 이들은 숙주 세포 표면에 붙은 뒤에 자신의 유전자를 세포 속으로 집어넣는다. 세포 속으로 들어간 유전자는 스스로를 복제하기 시작하고, 이렇게 복제된 바이러스 유전자는 숙주 세포가 저장해 놓은 화학적 구조물을 사용하여 유전자들을 포장하여 새로운 바이러스를 생산한다. 이제 새로운 바이러스들은 숙주 세포를 터뜨리고 밖으로 나와서 새로운 희생물(세포)을 찾기 시작한다.

이런 측면에서 보면, 바이러스의 유일한 기능은 더 많은 복제품을 만들어 내는 것 같다. 그 과정에서 바이러스와 그 후손은 많은 세포를 죽일 수 있으며 조직에 상당한 손상을 입힌다. 바이러스는 호흡기 감염과 공수병, 홍역, 볼거리, 풍진, 천연두, 헤르페스를 유발하며, 각각 파괴된 조직을 자취로 남긴다.

반면에 어떤 바이러스들은 매우 다른 방식으로 행동한다. 이들은 조직을 파괴하기보다는 암을 유발한다. 뉴욕 록펠러 의학연구소의 페이턴 라우스(Peyton Rous)는 1909년에 처음으로 종양 바이러스를 발견했다. 그는 닭의 육종(肉腫)에서 추출해 낸 바이러스를 다른 닭에 주사하면 암을 전파할 수 있다는 사실을 발견했고, 그 두 번째 육종의 추출물에도 암을 유발하는 바이러스가 존재하고 있다는 사실을 밝혔다. 사실 라우스 육종 바이러스는 닭에서 닭으로 거의 무한정 전달될 수 있었다. 바이러스는 감염된 닭의 세포 내에서 증식하면서 암을 형성했다.

1930년대에 이르러 토끼의 피부암에서 새로운 종양 바이러스들이 발견되었다. 그 다음에는 쥐의 유방암 바이러스가 발견되었고, 쥐에게서 백혈병을 유발하는 또 다른 바이러스가 발견되었다. 라우스 육종 바이러스의 친척 바이러스는 닭에게서 백혈병과 유사한 질병을 일으킨다는 사실이 발견되었다. 1950년대에는 쥐의 백혈병 바이러스가 몇 가지 더 발견되었다.

이러한 발견들을 통해 출현한 개념은 분명했다. 종양 바이러스가 체내의 어느 세포 안으로 들어가서 증식하면서 세포를 죽이는 대신 세포의 수명을 계속 유지시키는 것이다. 세포의 죽음을 막는 것은 바이러스가 새로운 숙주에서 장수하기 위한 전략의 일부였다. 일단 세포 내에 안착하면 바이러스는 숙주의 성장 조절 메커니즘을 주물러서 세포와 세포의 후손이 끊임없이 증식하도록 강요한다. 어떤 방식이 되었든 간에 세포의 수천분의 1도 안 되는 크기의 바이러스들은 숙주 세포의 권력을 찬탈한 뒤 세포를 좌지우지할 수 있다. 그리고 세포가 성장과 분열을 끊임없이 반복하도록 함으로써 종양 바이러스는 세포를 과도하게 증식시켜 종양 덩어리를 형성한다.

이렇게 종양 바이러스가 세포를 장악하는 메커니즘은 발암 메커니즘에 관해 명료하고도 설득력 있는 설명을 제시한다. 하지만 암을 종양 바이러스에 의한 감염으로만 치부하는 데에는 몇 가지 문제가 있었다. 가장 골치 아픈 문제는 역학자들이 제기한 문제로서, 대부분의 암이 전염성 질환과는 다른 양상을 보인다는 사실이다. 암 발생의 지정학적 위치를 지도에 표시해 보면, 감염 질환에서 예측할 수 있는 것처럼 작고 조밀한 군집들로 국한되는 것이 아니라 무작위로 펼쳐진 형태로 분산되어 있다.

종양 바이러스 이론을 받아들인 사람들은 이러한 불일치를 다음과 같이 설명했다. 이들은 종양 바이러스가 전 인구에 동일하게 퍼져 있다고 추정했다. 박테리아처럼 종양 바이러스도 피부나 장관에 서식하고 있지만 정상적으로는 아무런 해도 가하지 않는다. 하지만 아주 드문 경우지만 아직 밝혀지지 않은 방식으로 어떤 자극이 가해지면 종양 바이러스는 폭동을 일으키고 암을 유발함으로써 막대한 손실을 일으킨다. 넓게 분포되어 있지만 소수에서만 암이 나타나는 특성은 암이 대규모의 유행병으로 나타나기보다는 이곳 저곳에서 고립된 사건처럼 나타나는 현상과 맞아떨어진다.

1970년대 초가 되면서, 종양 바이러스 이론을 지지하던 사람들은 자신들의 주장을 뒷받침하기 위해 새로운 학문인 분자생물학을 활용하기 시작했다. 종양 바이러스를 분자 단위로 해부함으로써, 종양 바이러스 학자들은 바이러스가 정상 세포를 암세포로 전환시키는 방식을 정확하게 이해하게 되었다. 이러한 연구의 동기는 단순했다. 종양 바이러스 학자들은 종양 바이러스를 좀 더 그럴듯하게 보이고 싶었던 것이다.

자가 복제 능력을 가진 다른 모든 생명체와 마찬가지로 종양 바이러스 분자들은 독특한 유전자를 여러 개 지니고 있으며, 이들 중 일부는 바이러스 증식 과정에 전적으로 관여하는 것으로 추측되었다. 이러한 '증식성' 유전자들은 바이러스가 감염된 숙주 세포 내에서 스스로를 복제할 수 있도록 도와주는 원형으로 작용했다. 한편, 종양 바이러스가 지니는 또 다른 유전 정보는 감염된 숙주를 정상적으로 성장하는 세포에서 공격적으로 성장하는 암세포로 전환시킬 수 있는 능력이 있는 것으로 생각되었다. 그래서 바이러스에서 기원한 유전자들은 암을 유발할 수 있을 것이었다.

이 발견은 암이 유전자의 작용을 통해 만들어진다는 개념을 다시 확인해 주었지만 암의 화학 물질 가설과 바이러스 가설 사이의 깊은 골을 메우는 일에는 도움이 되지 못했다. 화학 물질을 연구하는 사람은 전과 마찬가지로 암세포 내에서 암을 유발하는 유전자는 바이러스에서 기원한 것이 아니라 암세포 고유의 유전자이며 이들은 화학 물질이나 방사선에 의해 손상된 정상 세포 유전자의 변형된 형태라고 주장했다. 바이러스 가설을 신봉했던 사람은 모든 암세포가 외부 기원의 암 유전자, 즉 침입한 종양 바이러스에 의해 세포 속으로 들어온 유전자를 가지고 있다고 확신했다.

하지만 한 가닥의 실이 이 두 그룹을 한데 묶어 주었다. 두 그룹 모두 암세포 내에서 작용하는 소수의 유전자들이 세포와 세포의 후손을 마구잡이로 성장시키는 능력을 가지고 있다는 점에 동의했던 것이다. 그들은 종양을 연구하는 학문인 종양학(oncology)을 연상시키는 "암 유전자(oncogene)"라는 용어를 사용했다. 참고로 그리스어 onkos는 종괴 또는 덩어리를 의미한다.

선한 유전자의 타락

논쟁은 1976년에 절정에 이르렀다. 전쟁 중인 두 학파는 암의 기원에 관해 서로 타협할 수 없는 것으로 보였던 두 이론을 각각 지지했지만, 사실상 두 이론은 모두 암의 기원에 관한 수수께끼를 푸는 중요한 단서를 찾아내는 데 크게 기여했다. 실제로 두 이론 사이의 골을 메우는 방법은 다음과 같았다.

"분명히 암 유전자는 암을 유발하는 데 중요하지만, 어쩌면 암을 유발하는 유전자들은 바이러스가 세포 속으로 운반한 것이 아니라 세포 고유의 유전자일지 모른다. 어쩌면 발암성 화학 물질은 정상 세포의 유전자를 손상시켜 발암 물질로 작용하게 만들지도 모른다. 일단 돌연변이가 된 세포 유전자들은 암 유전자로 탈바꿈해서 종양 바이러스에 의해 세포 속으로 들어간 암 유전자와 유사한 방식으로 작동할 수도 있을 것이다."

이 아이디어는 매력적이었지만 증명할 수 없었으며, 증명 불가능한 다른 주장들과 마찬가지로 추론에 불과하며 과학적 가치는 없는 것으로 버림받았다. 암 연구자들이 모이는 곳은 암의 기원에 관한 수많은 가설의 잔해로 난장판이 되곤 했는데, 이 아이디어 역시 비슷한 운명에 처할 것처럼 보였다.

인간의 세포는 정상이든 악성이든 간에 수십만 개의 유전자를 DNA 속에 담고 있다고 여겨졌다. 그중 소수의 유전자는 발암성 화학 물질에 의한 돌연변이를 통해 끊임없는 세포 성장의 방아쇠를 당길 것이었지만, 암세포 내에서 이러한 돌연변이 유전자를 찾는 임무는 당시의 기술 수준을 훨씬 뛰어넘는 것이었다.

하지만 결국 세포의 암 유전자가 발견되었는데, 아이러니하게도 바이러스성 암 유전자를 연구하는 학자들이 이를 발견했다. 암 유전자의 발견은 암 연구의 혁명을 불러왔으며, 그 혁명은 지금까지 계속되고 있다.

수수께끼의 해답은 RSV라고도 부르는 라우스 육종 바이러스가 쥐고 있었다. 1909년 후에 라우스는 RSV가 인간 암의 근본 원인을 설명하는 데 적합하지 않다고 생각하여 RSV에 관한 연구를 포기했다. 그 후 60년 동안 다른 연구자들은 때때로 RSV를 연구하곤 했으며, 1966년에는 당시 80대 중반이었던 라우스가 반세기 전에 자신이 이루어 놓은 업적에 힘입어 노벨 생리학·의학상을 수상했다.

종양 바이러스에 대한 관심은 1960년대에 되살아났다. 이는 DNA 분석 기술을 이용해 암의 매개체를 샅샅이 해부하려 했던 신

세대 연구자들에 힘입은 바 컸다. 샌프란시스코에 있는 캘리포니아 대학교의 해럴드 바머스(Harold Varmus)와 마이클 비숍(Michael Bishop)도 그런 무리에 속했는데, 이들은 RSV가 어떻게 감염된 닭의 세포 내에서 성장하는지, 한 걸음 더 나아가서 RSV가 어떻게 세포들을 정상적인 성장 상태에서 악성 상태로 전환시키는지 알고 싶어했다.

바머스와 비숍은 RSV의 작은 유전체를 해부했던 다른 연구자들의 성과를 출발점으로 삼았다. 다른 바이러스와 마찬가지로 RSV도 감염된 세포 내에서 스스로를 복제하기 위해 필요한 몇 가지 유전자를 지니고 있었다. 이런 복제용 유전자들은 세포로 하여금 세포를 감염시킨 바이러스와 동일한 후손 바이러스들을 수백, 수천 개씩 만들어 내도록 지시한다.

마침내 RSV의 유전자 하나가 급부상했다. 바이러스는 이 유전자를 이용해 숙주 세포를 악성으로 전환시켰으며, 따라서 이 유전자는 바이러스성 암 유전자였다. 이 유전자는 육종(sarcoma)의 이름을 빌려 *src*(사르크로 발음한다.) 암 유전자라고 명명되었다. 모든 증거들이, RSV에 의해 *src* 암 유전자가 세포 내로 들어가면 *src* 암 유전자는 일련의 명령을 통해 세포와 그 후손을 끊임없이 성장하게 한다는 사실을 보여 주었다.

RSV의 *src* 암 유전자의 기원은 또 다른 중요한 수수께끼를 던져 주었다. RSV의 가까운 친척 바이러스들도 복제를 위해 동일한 유전자들을 지니고 있었고, RSV와 마찬가지로 감염된 닭의 세포 내에서 증식할 수 있었지만, 감염된 세포를 암세포로 전환시킬 수는 없었다. 이 바이러스들에는 *src* 암 유전자가 없었기 때문에 RSV가 *src* 암 유전자를 이용해서 종양을 유발한다는 심증이 굳어졌다.

RSV와 RSV의 친척 바이러스들을 연구하던 대부분의 유전학자들은, RSV가 고유의 진정한 바이러스이며 친척 바이러스들은 어떤 이유에서든 간에 *src* 암 유전자와 함께 이와 연관되어 암을 유발하는 능력을 상실한 돌연변이 형태라고 결론지었다. 바이러스는 유전자를 복사하는 기계들이 마구잡이로 작동한 결과로 인해 흔히 유전자를 잃어버리는 것으로 알려져 있었다.

하지만 이번 경우에는 문제가 조금 달라 보였다. 친척 바이러스들은 광범위하게 퍼져 있었지만 *src* 암 유전자를 지닌 RSV는 유일했으며, 20세기 초에 라우스가 한 번 분리해 냈을 뿐이다. 그렇다면 거꾸로 RSV가 비정상이고 친척 바이러스들이 정상인 것은 아닐까? 어쩌면 RSV는 다른 친척 바이러스 중 하나에서 기원했으며, *src* 암 유전자를 어떤 외부 제공처에서 얻었을지도 모르는 일이었다.

그렇다면 *src* 암 유전자는 어디에서 왔을까? 가장 그럴듯한 시나리오는, "RSV의 조상은 *src* 암 유전자를 다른 종양 바이러스에서 얻었을지 모른다. 그리고 *src* 암 유전자를 획득함으로써 RSV는 전에는 갖지 못했던 발암 능력을 갖게 되었다."는 것이다.

바머스와 비숍의 공동 실험을 통해 곧 *src* 암 유전자가 훔쳐온 것이라는 사실이 증명되었지만, 도둑맞은 유전자의 본 소유주는 전혀 예상하지 못하던 것이었다. 바머스-비숍 연구 팀은 바이러스와 세포 모두의 유전체에서 *src* 암 유전자를 찾아내는 기법을 개발했으며, 이 방법을 이용하여 *src* 암 유전자가 있을 만한 곳을 찾기 시작했다.

1975년에 바머스-비숍 연구 팀의 어느 연구자가 일상적인 실험 도중에 놀라운 결과를 얻게 되었다. 그는 새롭게 개발된 기법을 사용해 정상 닭의 세포와 RSV에 감염된 닭의 세포의 유전자를 분석하고 있었으며, 예상 결과는 간단했다. 정상 세포에는 *src* 암 유전자가 없을 것이고, RSV에 감염된 세포는 RSV에 의해 유입된 *src* 암 유전자가 적어도 하나 이상 있을 것이었다.

하지만 이런 예상은 완전히 빗나갔다. *src* 암 유전자가 정상 세포와 감염된 세포 모두에 분명히 존재했던 것이다. 다시 말해 정상인 닭의 세포는 RSV에 감염되기 전에 *src* 암 유전자를 적어도 하나 이상 지니고 있었던 것이다!

이 연구 결과는 다음 해에 책으로 출판되었고 1976년에 폭풍을 불러일으켰다. 바야흐로 사고의 대전환이 시작된 것이다. 이 발견은 *src* 암 유전자가 본래는 정상 세포의 유전자이지만 RSV의 조상에 의해 납치되어 RSV의 유전체 안에 편입되었으며, 바이러스가 정상 세포를 암세포로 바꾸는 데 사용되었을 수도 있다는 사실을 시사했다.

새로운 시나리오는 다음과 같다. RSV는 라우스가 1909년에 발견하기 몇 개월 전에 완전히 새로운 바이러스로 출현했으며, RSV의 직계 조상은 닭의 세포 속에서 증식할 수는 있었지만 세포를 암세포로 전환시킬 수는 없었던 친척 바이러스 중 하나였다. 어느 날 감염된 닭의 세포 속에서 성장하던 친척 바이러스 중 하나가 일종의 유전적 사고(事故)를 통해 세포의 *src* 암 유전자 하나를 자신의 바이러스 유전체 속에 끼워 넣게 되었다. *src* 암 유전자는 닭의 정상적인 유전자이고, 도둑맞기 전에는 세포의 정상 성장을 책임지고 있었으며, 암의 생성에는 관여하지 않았다. 하지만 일단 RSV 유전체에 편입된 *src* 암 유전자는 바이러스에게 세뇌당해 지킬 박사에서 하이드 씨로 바뀌어 버렸다. 세포의 정상 유전자가 암을 일으킬 수 있는 강력한 매개체가 되어 버린 것이다.

곧 모든 새들의 유전체에 정상 *src* 암 유전자가 적어도 하나 이상 존재한다는 사실이 밝혀졌으며, 후에 이 유전자는 인간을 포함한 모든 척추동물에게서 발견되었다. 결국 *src* 암 유전자는 척추를 가진 모든 동물의 정상 유전 도구의 일부라는 의미가 된다. 몇 년 내에 정상 *src* 암 유전자의 친척 유전자가 척추동물과는 거리가 먼 초파리 같은 동물에게서도 발견되었다.

이렇게 다양한 동물군의 유전체에 정상 *src* 암 유전자가 존재한다는 것은 6억 년 전에 이런 모든 생명체의 공통 조상에 *src* 암 유전자의 한 형태가 존재했다는 것을 의미한다. 이 유전자는 생명 유지에 필수 불가결한 역할을 담당하고 있었기 때문에 후대에서도 보존되었다. 만약 *src* 암 유전자가 그렇게 중요한 역할을 담당하지 않았다면 진화의 과정에서 적어도 일부 동물들에게서는 사라졌을 것이다. 하지만 지금 이 유전자는 거의 보편적으로 이 생명체들에 존재하는 것처럼 보인다.

따라서 *src* 암 유전자는 다음과 같은 두 가지 면모를 가지고 있다. 정상일 때에는 모든 동물의 세포에서 필수적인 기능을 수행하지만, RSV에 도둑맞은 뒤에는 암 유전자의 역할을 떠맡아서, RSV가 강력한 종양 매개자가 되도록 하는 것이다. *src* 암 유전자와 RSV의 만남은 보기 드문 사건이었다. 즉 1909년, 종양을 앓던 닭이 라우스의 주의를 끌기 몇 달 전에 롱아일랜드의 닭장 속에서 벌어진 유전자 절도 사건이었던 것이다.

하지만 훨씬 더 중요한 교훈이 바이러스와 이들의 유전적 다양성에 관한 발견의 중요성을 무색하게 만들었다. 바머스-비숍 연구 팀은 이런 정상 *src* 암 유전자를 원형 암 유전자(proto-oncogene)라고 명명함으로써, 특정 상황에서는 이 유전자가 강력한 암 유전자로 탈바꿈할 수 있다는 사실을 지적했다. 바머스-비숍 연구 팀은 닭의 유전체 속에, 그리고 이를 확장시켜 보면 인간의 유전체 속에 암을 일으킬 수 있는 유전자가 적어도 하나 이상 숨어 있다는 사실을 암시하고 있다.

암의 기원에 관한 생각은 혁명적인 전환을 거쳤다. 암의 기원이 정상 세포에 깊이 뿌리박혀 있다는 사실이 이제 처음으로 신빙성을 얻게 되었다. 각 세포는 매일같이 정상 기능을 수행하던 유전자 속에 파괴의 씨앗을 담고 있는 듯이 보였다.

내부의 적

바머스-비숍 연구 팀과 다른 연구 팀들은 다른 바이러스도 RSV처럼 암을 형성할 수 있는지 살펴보기 시작했다. 어떤 바이러스들은 닭이나 생쥐, 쥐, 원숭이, 심지어 고양이까지 감염시켰는데, 이들은 서로 먼 친척으로서 레트로바이러스(retrovirus: 보통의 바이러스와 세포성 생물과는 달리 RNA 형태로 유전 정보를 전달하는 바이러스—옮긴이)라고 하는 군에 속해 있었다.(나중에 발견된 후천성 면역 결핍증(AIDS)의 원인 바이러스인 인간 면역 결핍 바이러스(HIV)도 이렇게 암을 일으키는 레트로바이러스의 먼 친척인 것으로 판명되었다.)

암을 일으키는 다양한 동물 레트로바이러스들도 RSV와 기막히게 유사한 발자취를 가지고 있었다. 이런 바이러스들은 숙주에게 암을 유발할 능력이 없었던 조상 바이러스에 기원을 두고 있으며, 감염된 숙주(닭, 쥐, 원숭이, 고양이 등 무엇이라도)에서 원형 암 유전자를 얻음으로써 잠재적인 발암 능력을 획득할 수 있었던 것이다. 그리고 새로 얻은 유전자는 바이러스에 의해 강력한 암 유전자로 개조되었다.

이렇게 다양한 바이러스가 훔쳐 낸 원형 암 유전자들은 *src* 암 유전자와는 달랐으며, 이들에게는 각각 *myc*, *myb*, *ras*, *fes*, *fms*, *fos*, *jun* 같은 고유의 암 유전자 이름이 붙었다. 이러한 이름들은 유전자들이 처음 발견된 바이러스를 반영하고 있다. 예를 들어, *myc* 암 유전자는 조류의 골수세포종증 바이러스(myelocytomatosis virus)에서 처음 발견되었고, *ras* 암 유전자는 쥐 육종 바이러스(rat sarcoma virus)에서, *fes* 암 유전자는 고양이 육종 바이러스(feline sarcoma virus)에서 발견되었다. 이런 원형 암 유전자는 금세 스무 가지를 넘어섰다.

이제 *src* 암 유전자가 보여 준 예를 다음과 같이 확장하고 일반화할 수 있게 되었다.

"동물의 유전체에는 많은 원형 암 유전자가 포함되어 있으며, 이들은 대부분 *src* 암 유전자와는 다른 종류이다. 원형 암 유전자는 동물계 전체에 널리 분포되어 있으며, 따라서 *myc*나 *myb*와 같이 닭의 DNA에서 처음 발견되었던 유전자는 모든 다른 포유류의 DNA 안에 역시 존재하고 있다. 이처럼 원형 암 유전자 전체가 모든 척추동물의 유전체 내에 존재하는 것처럼 보인다."

결국 이 사실은 인간 유전체 내에도 수많은 암 유전자들이 잠자고 있다는 사실을 의미한다. 이러한 원형 암 유전자들은 인간 세포의 생명 유지에 중요한 역할을 담당하고 있으며, 이러한 유전자들이 수십억 년의 진화 과정을 거치면서도 동물의 유전체 내에 거의 변형되지 않은 형태로 보존되어 있다는 사실이 이를 분명히 말해 주고 있다.

원형 암 유전자의 정상 기능을 밝히는 데는 또 한 세기가 필요할지도 모르는 일이었지만, 당시로서는 이런 유전자들의 정상 기능에 대해 조금 혼란스럽게 느껴졌다. 원형 암 유전자의 발견은 매우 광범위하고 분명한 파급 효과를 가져왔으며, 이들이 발암성 화학 물질의 표적일 것이라는 생각이 대두되었다. 동물 내의 원형 암 유전자는 본래 레트로바이러스에 의해 활성화되어 암 유전자가 되었지만, 어쩌면 인간에게서는 같은 유전자들이 돌연변이를 일으키는 발암 물질에 의해 활성화될 수도 있지 않을까? 세포의 염색체 내의 정상 보금자리에서 도둑맞았다가 레트로바이러스에 의해 개조된 것이 아니라 그 자리에서 발암 물질의 공격에 의해 변화될 수도 있지 않을까? 그리고 이 두 사건의 결과가 같을 수도 있지 않을까? 즉 강력한 암 유전자의 탄생 말이다.

그래서 풀리지 않을 것 같았던 문제가 1970년대 중반의 몇 년 사이에 바야흐로 해결될 것처럼 보였다. 레트로바이러스는 숙주 세포의 유전자를 꾸준히, 마구잡이로 훔쳐 내다가 가끔 대어, 즉 원형 암 유전자를 낚음으로써 이 모든 일을 가능하게 만들었다. 레트로바이러스는 인간 유전체 내의 수만 개의 유전자들 가운데서 수십 개에 불과한 원형 암 유전자를 낚아 내는 관문을 뚫었다. 원형 암 유전자가 인간에게서 암을 유발하는 데 중요한 역할을 한다는 생각은 그 당시까지도 확인되지 않았다. 그러나 확실한 증거는 없었다고 하더라도 이 사실은 암의 뿌리가 실제로 우리의 유전자 속에 있다는 사실을 믿고 싶어하는 사람들에게 용기를 주었으며, 곧 이들은 그 누구도 예상하지 못했던 방대한 증거들과 맞닥뜨리게 되었다. 이 증거들은 매력적인 가설을 반석같이 든든한 진리로 바꾸어 놓았다.

4
치명적 오류

1976년 *src* 원형 암 유전자의 발견은 과학자들에게 연구의 다음 단계를 분명히 알려 주었다. 이 유전자가 분명히 정상 인간 유전체에 존재한다면, 인간의 암에는 돌연변이 형태, 즉 활성 상태의 *src* 암 유전자가 존재하리라는 것이 그들의 기대였다. 또한 어쩌면 그렇게 *src* 암 유전자를 활성화하는 메커니즘은 RSV가 사용한 방법과는 사뭇 다를지도 몰랐다. 1976년에 이르러 아무런 소득 없이 6년 동안 찾아 헤맨 결과, 대부분의 과학자들은 사실상 모든 인간의 암에 RSV와 같은 레트로바이러스가 존재하지 않는다는 사실을 확신하게 되었다. 그리고 그들의 생각은 이렇게 흘러갔다.

"만약 *src* 암 유전자가 활성화되어 암의 생성에서 역할을 했다면, 화학 물질과 같은 비바이러스성 매개체가 *src* 암 유전자를 활성화한 것이 분명하다. *src* 암 유전자가 세포의 염색체 내의 정상 위치에 자리를 잡고 있을 때 이런 화학 물질이 *src* 암 유전자를 돌연변이로 만들었을 것이다. 세포에서 이런 식으로 탄생한 *src* 암 유전자는 결과적으로 멈출 줄 모르고 성장했고, 그 돌연변이 세포는 수많은 후손을 만들어 내어 결국 종양으로 나타났을 것이다."

그래서 과학자들은 인간의 암 DNA에서 *src* 암 유전자의 돌연변이를 조사했지만, 아무런 성과도 얻지 못했다. 즉 *src*의 돌연변이는 어디에서도 발견되지 않았다. 결국 *src*는 RSV의 작품처럼 보이기 시작했다. 바야흐로 원형 암 유전자들이 발암 물질의 표적이라는 단순한 개념이 침몰하는 듯이 보였다.

1979년이 되자 그물망을 교묘하게 빠져 나가는 암 유전자를 찾기 위한 새로운 전략이 세워졌다. 이 전략은 레트로바이러스에서 얻은 지식에만 의존하지 않았으며, 유전자 이동(gene transfer)이라는 실험 기법에 따른 독창적인 전략이었다. 간단히 말해서 유전자 이동이란 한 세포에서 DNA(따라서 유전자)를 뽑아 내어 다른 세포에 주입하는 것이다. 새로 주입된 유전자 때문에 세포가 새로운 특성 또는 행동을 보인다면, 새로 발현된 특성을 규정짓는 정보는 DNA를 추출한 세포에 존재하던 것이고, 그 정보가 유전자 이동에 의해 제2의 세포로 옮겨진 것이라고 결론지을 수 있다.

쥐나 인간의 암세포의 유전체에 존재하는 암 유전자를 찾기 위해 유전자 이동법이 사용되었다. 실험에 사용된 암세포들이 추출된 종양은 바이러스와 아무런 연관이 없었으며, 대부분 발암성 화학 물질에 의한 암이거나 그렇게 의심되는 것들이었다.

필자는 초기 실험에서 발암 물질인 콜타르에 노출되어 암세포로 전환된 쥐의 세포에서 DNA를 추출했다. 우리는 악성 성장을 지시하는 정보가 화학 물질에 의해 암세포로 바뀐 세포의 DNA 속에 존재하리라는 희망을 가지고 있었다. 그리고 그런 정보가 특정 유전자의 형태로 정상 세포로 전달된다면, 그 정상 세포도 암세포로 전환되리라고 생각했다.

우리는 곧 암세포의 DNA를 주입받은 세포 중 일부가 암세포로 변했다는 사실을 발견했다! 그렇게 정상 세포가 악성 세포로 바뀐 것은 이러한 세포들이 악성으로 성장하게 만드는 정보가 화학적으로 암세포가 된 세포의 DNA 속에 존재한다는 사실을 증명해 주는 것이었다. 악성 성장을 가능하게 하는 정보가 실제로 DNA를 통해 한 세포에서 다른 세포로 전달되었던 것이다.

연이어 인간 암의 DNA에 그러한 암 유전자들이 있다는 사실이 밝혀졌다. 우리 연구 팀의 계속된 연구와 더불어, 제프리 쿠퍼(Geoffrey Cooper)와 마이클 위글러(Michael Wigler) 연구 팀은 악성 성장에 관한 정보를 담고 있는 암 유전체의 목록을 늘려 나갔다.(방광암과 대장암, 그 후에는 신경계 종양에서 발암 능력을 가진 DNA가 발견되었다.) 각각의 암세포 DNA를 정상 세포에 주입하면 정상 세포가 암세포로 전환되었지만, 정상 세포의 DNA를 주입하면 그러한 활성을 보이지 않았다.

이렇게 이동 가능한 유전 정보는 종양 바이러스가 가지고 있던 암 유전자와 대단히 유사하게 행동했다. DNA의 특정 조각이 정상 세포의 대사를 재조정함으로써 암세포가 되도록 강요하는 것처럼 보였으며, 이러한 발견은 정상 세포가 돌연변이가 일어나면 암을 유발하는 유전자들을 가지고 있다는 사실을 직접적으로 시사해 주었다.

이렇게 암 유전자를 만들어 내는 돌연변이 과정은 세포 내의 다른 수많은 종류의 유전자들이 손상되는 과정과 다를 바 없는 것 같았다. 즉 염색체 내의 정상 위치에 있는 유전자들의 염기 서열이 바뀌는 것이다. 게다가 돌연변이가 일어난 후에 이러한 유전자들은 정상 위치에 그대로 남아서 이전과는 사뭇 다른 메시지를 세포에 전달하기 시작할 것이다.

이 시나리오는 레트로바이러스 연구에 의한 시나리오와는 사뭇 달랐다. 암을 유발하는 모든 레트로바이러스들은 정상 세포에 침입해서 정상 세포의 유전자를 도둑질한 뒤에 이를 활동적인 암 유전자로 전환시킨 조상 바이러스에서 오는 듯했다. 레트로바이러스의 경우, 암 유전자는 외부 침입자이자 강력한 유전자 조절자인 바이러스가 정상 염색체로부터 암 유전자를 정복하고 생포한 뒤에 지니고 있다가 후에 다른 정상 세포의 유전자에 다시 첨가함으로써 활성화되는 것 같았다.

하지만 두 가설을 이어 주는 한 가닥 실이 아직 남아 있었다. 세포 및 바이러스성 암 유전자 모두 정상 세포의 유전자인 원형 암 유전자에 기원을 두고 있었던 것이다. 이러한 유사성에 대한 깨달음은 다음과 같이 명확한 질문을 제기할 수 있게 했다. 화학 물질이나 방사선에 의해 그 자리에서 돌연변이가 된 원형 암 유전자와, 바이러스에 의해 유괴되고 활성화된 원형 암 유전자는 도대체 어떤 관계를 가지고 있는가?

이 의문은 1982년에 해소되었다. 당시에 새로 개발된 유전자 클로닝이라는 기법을 통해 인간 암 유전자의 일부가 분리되었다. 인간 방광암에서 분리된 암 유전자 하나가 일찍이 레트로바이러스 연구가들에 의해 클로닝된 거대한 원형 암 유전자군에 대조되었고, 그 결과 놀라운 연관 관계가 밝혀졌다. 인간 방광암 유전자는 사실상 레트로바이러스 연구가들이 쥐 육종 바이러스에서 밝힌 *ras* 암 유전자와 동일했던 것이었다.

갑자기 암이라는 퍼즐의 여러 가지 조각들이 맞아떨어지기 시작했고 그 개요는 다음과 같았다. 쥐의 세포를 감염시키고 있을 때 레트로바이러스 하나가, RSV가 *src* 암 유전자를 획득한 것과 유사한 방법으로 *ras* 원형 암 유전자를 획득하고 활성화했다. 이렇게 활성화된 *ras* 암 유전자는 하비 육종 바이러스(Harvey sarcoma virus)에 들어 있었으며, 이 유전자는 설치류의 정상 세포를 공격적으로 성장하는 암세포로 전환시킬 수 있었다.

ras 원형 암 유전자의 친척 유전자가 거의 동일한 형태로 정상 인간의 DNA에 존재한다는 사실은 더 이상 놀라운 일이 아니었으며, 1980년대 초반에는 포유류와 조류 전체에 모든 원형 암 유전자들이 동일하게 존재하고 있다는 사실이 분명해졌다.

인간 방광 조직 세포 내의 *ras* 원형 암 유전자는 쥐의 유전체 속에 있던 친척과는 다른 운명을 맞게 되었다. 돌연변이를 일으키는 어떤 화학 물질이 방광 조직 세포로 들어가서 *ras* 원형 암 유전자에 돌연변이를 일으켰고, 이를 활성 암 유전자로 바꾸어 놓았다. 일단 돌연변이가 일어난 *ras* 암 유전자는 돌연변이가 일어난 세포와 그 후손들의 증식을 유도했으며, 결과적으로 돌연변이가 일어난 *ras* 암 유전자를 가지고 있는 방광암 세포들이 거대한 무리를 이루게 되었다.

따라서 레트로바이러스 연구자들이 발견한 원형 암 유전자 목록은 인간 암과도 직접적인 연관이 있었다. 레트로바이러스가 동물에게서 획득하고 개조한 것과 동일한 정상 유전자들이 인간에게도 돌연변이를 일으키는 화학 물질의 표적이 될 수 있는 것이다. 표적 세포의 염색체 속에 자리 잡고 있던 이러한 인간 유전자들은 돌연변이 유발 물질에 의해 변형되어 강력한 암 유전자로 탈바꿈할 수 있었다.

ras 암 유전자는 하나의 예에 지나지 않았다. 몇 개월 사이에 인간 림프종과 백혈병에서 본래 닭의 골수세포종증 바이러스와 연관된 것으로 알려진 *myc* 원형 암 유전자의 변형된 형태들이 발

견되었다. 후에는 N-*myc*로 알려진 *myc* 암 유전자의 가까운 친척이 신경모세포종(neuroblastoma)에서 발견되었다. 그리고 본래 닭의 적백혈병 바이러스(erythroleukemia virus)와 관련된 것으로 알려져 있던 *erb* B 유전자의 변형된 형태가 인간의 위암, 유방암, 난소암 및 뇌종양에서 발견되었다.

이제 이야기가 훨씬 간단해지는 것 같았다. 모든 척추동물은 일련의 원형 암 유전자를 공통으로 보유하고 있는 듯이 보였고, 이 유전자들은 레트로바이러스나 기타 돌연변이원에 의해 강력한 암 유전자로 전환될 수 있었다. 바야흐로 원형 암 유전자들이 암의 궁극적인 뿌리를 나타내는 것처럼 보였다.

돌연변이

인간 암 유전자와 이들의 조상뻘 되는 정상 유전자의 발견은 동물 레트로바이러스에 관한 광범위한 연구를 비롯해서 전에는 연관이 없어 보였던 연구를 하나로 묶었다. 하지만 아직도 뭔가 큰 구멍이 있었다. 그러면 정확하게 어떤 방법으로 바이러스가 아닌 돌연변이원들이 정상 원형 암 유전자를 악성 암 유전자로 전환시키는 것일까?

이 질문에 대한 첫 번째 해답은 인간 방광암 유전자를 이것의 조상뻘 되는 정상 *ras* 암 유전자와 비교했을 때인 1982년에 얻어졌다. 연구 초기에 이 두 유전자를 구분해 주는 돌연변이를 찾는 일이 빠르고 손쉽게 이루어지지는 않으리라는 것이 금세 분명해졌다. 두 유전자는 겉으로 보기에는 대단히 유사했다. 둘 다 5,000염기 길이 정도 되었고, 둘을 문장으로 생각한다면 같은 쉼표와 마침표를 갖고 있었다. 따라서 다량의 DNA가 소실되거나 재배열됨으로써 원형 암 유전자가 암 유전자로 전환된다는 가설은 일단 배제되었다.

하지만 어쨌든 이 두 유전자 간에는 분명히 중대한 차이가 있어야 했다. 정상 세포에 주입되면 원형 암 유전자는 별다른 효과를 보이지 않았지만, 암 유전자는 정상 세포를 신속하게 악성으로 성장하게 만들었기 때문이다. 이 둘 간의 차이는 대단히 미묘할 것이므로, 염기 서열을 하나씩 자세히 분석해야 했다.

마침내 얻어 낸 해답은 충격적이었다. 각각 길이가 5,000염기 길이나 되었던 두 유전자는 단 하나의 염기를 제외하고는 동일했던 것이다! 즉 한 부분에서 정상 유전자의 염기 서열은 GCC GGC

GGT였던 반면에 암 유전자의 해당 염기 서열은 GCG GTC GGT 였다. 정상 유전자의 G가 방광암 세포의 유전자에서는 T로 바뀌었던 것이다. 점 돌연변이(point mutation)라고 부르는 이런 작은 차이가 유전자 전체의 의미를 바꾸기에 충분했다. 마치 '사랑'이라는 단어가 '자랑'으로 잘못 인쇄되는 바람에 책 한 장(章) 전체의 의미가 완전히 바뀌는 것과 마찬가지였다.

이제 방광암을 발생시킨 사건이 순서대로 정리되는 것 같았다. 그 암은 30년 동안 흡연했던 55세 남성에게 생긴 것이었다. 다른 흡연자와 마찬가지로 이 사람도 자신의 폐를 강력한 발암 물질로 가득 채웠고, 이들 중 일부는 간에서 해독되어 신장을 거쳐 소변으로 배출되었다. 그런데 소변으로 배출된 이 강력한 발암 물질의 일부가 방광을 싸고 있는 세포를 침공해 무작위로 그 세포의 DNA를 공격했다. 그리고 그중 한 세포가 *ras* 원형 암 유전자의 염기 서열에서 G가 T로 바뀌는 손상을 입었다. 변형된 *ras* 암 유전자는 이제 활성 암 유전자가 되어 세포의 성장을 유도하기 시작했다. 몇 년 또는 몇십 년이 흐른 뒤에 모두 돌연변이 *ras* 암 유전자를 가지게 된 이 세포의 후손들은 생명을 위협하는 암세포 덩어리로 나타났다.

곧 다른 인간 암 유전자의 배후에 있던 돌연변이 메커니즘들이 밝혀졌으며, 각각의 암 유전자는 고유의 돌연변이 메커니즘을 가지고 있음이 알려졌다. 그리고 *ras* 암 유전자에서 발견된 점 돌연변이는 이러한 메커니즘 중 가장 미묘한 것으로 밝혀졌다. 어떤 인간 암에서는 *myc* 암 유전자나 그 친척인 N-*myc* 암 유전자가 정상 세포에서는 두 개 발견되는 것에 비해 열 개 또는 스무 개까지 중복해서 존재하는 것으로 밝혀졌다. 이러한 '유전자 증폭'의 결과, 암세포에는 존재하는 과다 유전자의 수에 비례해서 성장을 자극하는 신호가 증폭되어 유입되는 것으로 생각되었다.

면역계의 림프구에서 생겨나는 종양, 특별히 버키트림프종(Burkitt's lymphoma)에서 *myc* 원형 암 유전자는 상당히 독특한 변화를 겪었다. 버키트림프종에서는 염색체 파괴와 재결합이라는 과정을 통해 전에는 서로 연관이 없었던 DNA 조각들이 서로 연결되었으며, 결과적으로 한 염색체에 자리를 잡고 있었던 정상 *myc* 암 유전자가 항체 생성을 담당하는 유전자와 융합되었다. 그리고 이렇게 비정상적인 연합으로 말미암아 *myc* 암 유전자는 완전히 탈바꿈되어 이제 항체 유전자의 조절을 받으며 작동하게 되었다. 전에는 정교하게 조정되었던 *myc* 암 유전자의 발현이 누그러질 줄 모르는 높은 수준으로 끌어올려졌으며, *myc* 암 유전자는 이제 강력한 암 유전자가 된 것이다.

교훈은 분명했다. 원형 암 유전자는 독특한 돌연변이 메커니즘을 통해 암 유전자로 탈바꿈하며, 이러한 돌연변이를 일으킨 물질이나 힘은 곧 발견될 것이었다. 원인이 무엇이든 간에 세포의 운명 또한 분명했다. 세포는 일단 활성된 암 유전자를 획득하면 이런 유전자들이 명령하는 강력한 성장 자극 신호에 의해 세포의 정상 성장 프로그램에서 이탈하게 된다. 암이란 퍼즐의 큰 조각들이 이제야 제자리를 찾게 되었다.

5
암 발달의 미니 시리즈

암의 시작에 관한 줄거리는 대단히 간단해 보였다. 돌연변이를 일으키는 화학 물질이 세포로 침입한 뒤, 해당 원형 암 유전자를 공격해서 이를 암 유전자로 탈바꿈시킨다. 세포는 암 유전자의 명령에 반응해서 그칠 줄 모르는 증식을 시작하며, 암 유전자의 복제품은 처음 돌연변이가 일어난 세포의 모든 후손에게 전해져서 그 후손에게 쉴 새 없는 성장과 분열을 강요한다. 결국 몇 년 후에는 수십억 개의 세포가 축적되어 생명을 위협하는 암을 형성한다. 복잡한 과정을 단순한 설명으로 압축하기를 좋아하는 사람들은 이 개념에 매료되었다. 분자생물학 연구는, 대단히 단순했지만 지금까지 숨겨져 있던 메커니즘을 파헤쳐 보인 훌륭한 본보기를 발견한 것이다. 얼마나 단순하고 논리적이었는지 과학자들은 이를 아름답다고까지 표현했다.

하지만 어떤 이들은 이 개념이 너무 단순하다고 생각했다. 이들은 이 개념이 지나치게 단순화되었다고 주장하면서 이 개념을 신봉하는 사람들이 암의 형성에 대해 많은 사실들을 의도적으로 무시하고 있다고 넌지시 내비쳤다. 이 회의론자들의 눈에는 1982년에 필자의 실험실과 마리아노 바르바시드(Mariano Barbacid) 및 위글러의 실험실에서 발견한 방광암의 점 돌연변이 때문에 우리가 정당화되지 않은 결론으로 너무 성급히 뛰어들어가는 것으로 비쳐졌다.

회의론자들은 단순한 한 번의 사건으로 정상 세포가 고도의 악성 세포로 완전히 바뀌는 것이 아니라 오랫동안 여러 단계를 거치는 복잡한 과정을 통해 암이 형성된다는 증거를 산더미처럼 상기시켜 주었다. 1980년대의 나머지는 이 두 가지 상충되는 견해를 절충하는 일에 사용되었다. 한 견해는 한 번의 공격으로 정상 세포가 암세포로 단순하게 전환된다고 주장했고, 다른 견해는 암이 여러 사건들을 포함하는 복잡한 과정을 통해 형성된다고 설명했다.

암이 복잡한 과정을 거쳐 형성된다는 주장을 뒷받침하는 가장 설득력 있는 논거는 다양한 연령의 다양한 군집에서 암의 발생률을 추적한 역학 연구 결과였다. 대장암은 10대보다 70대에서 1,000배 이상 많이 발생하는 것으로 나타났다. 다른 대부분의 성인 암의 발병률도 나이와 더불어 급격히 상승했다.

그러자 한 번의 사건으로 암이 형성된다는 단순한 시나리오는 훨씬 설득력을 잃게 되었다. 만약 암이 한 번의 사건에 의해 촉발된다면, 그 사건은 나이에 상관없이 동등하게 발생해야 하며, 10대의 어느 하루에 사건이 발생할 확률이 80대의 어느 하루에 사건이 일어날 확률보다 낮을 이유는 없었다. 그렇게 위험률이 동등하다면 다음과 같이 예측할 수 있다.

"한 사람이 어느 시점에 암에 걸릴 위험률을 나이에 대해 그래프로 나타내 본다면 일직선으로 상승할 것이다. 즉 20세는 10세보다 위험률이 두 배 높을 것이고, 70세는 10세에 비해 위험률이 일곱 배 높을 것이다."

그런데 역학자들의 보고서에서는 이와는 완전히 다르게 암의 발생이 나이에 따라 가파르게 상승하는 곡선을 그리고 있었다. 나이가 어릴 때는 암의 위험률을 나타내는 선이 상대적으로 수평에 가깝지만, 그 뒤부터는 나이가 점점 증가함에 따라 암 유병률의 기울기가 점점 급격하게 커졌다 그림 2

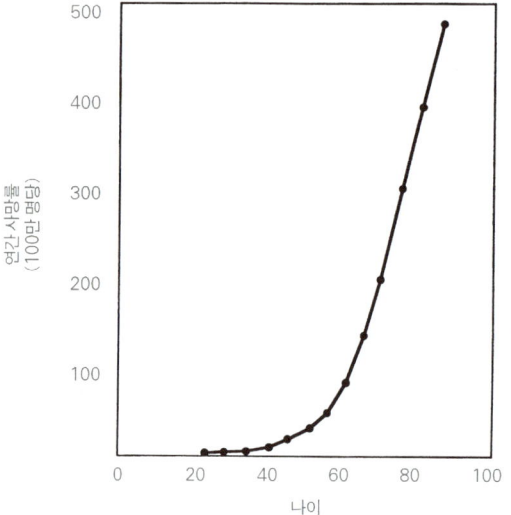

그림 2

나이에 따라 급격하게 증가하는 대장암 관련 사망률. 시간에 비례해서 진행되는 암의 다단계 발달 이론에 부합된다.

이렇게 급격하게 상승하는 곡선은 대단히 복잡한 과정을 반영하며, 꼬리에 꼬리를 물고 일어나는 수많은 사건 뒤에 결과, 즉 이 경우에는 대장암이 나타난다는 것을 시사한다. 대부분의 암은 그러한 사건을 4~6개 정도 필요로 하는 것으로 보였고, 각각의 사건은 오랜 세월이 걸려야 나타날 낮은 확률의 사건이었다. 이

런 모든 단계가 완성된 후에야 그 최정점에서 임상적으로 진단 가능한 악성 종양이 나타나는 것이다.

나이 어린 사람의 짧은 삶 가운데서 이런 사건들이 모두 나타날 확률은 천문학적으로 작기 때문에 대부분의 암이 어린아이에게서는 나타나지 않는다는 사실을 설명할 수 있다. 하지만 인체가 노화되면서 암 발병에 필요한 모든 사건들(우연한 사건들)이 인체 어느 세포 하나에 집중될 가능성이 빠르게 증가할 것이다. 그제서야 암을 만들기 위한 모든 충분 조건이 충족되는 것이다.

암의 발달에 관한 이런 추론은 성인 암에 관해 잘 확립되어 있던 많은 관찰을 설명하는 데 도움이 되었으며, 가장 잘 알려진 예가 바로 폐암이었다. 폐암은 20세기 초만 해도 여성에게서는 거의 나타나지 않았으며, 20세기 중반까지도 보기 드문 질환이었다. 제2차 세계 대전이 끝나자 미국의 여성들이 대규모로 흡연을 시작했고, 많은 사람들이 전쟁 중 공장에서 일하면서 흡연을 시작했다. 그 후 사반세기가 지나자, 흡연 여성들이 대규모로 폐암에 의해 무너지기 시작했다. 폐암 발생이 시작되어 끝날 때까지의 과정은 30~40년 후에야 완성되었던 것이다.

훨씬 더 충격적이었던 것은 1940년대에 해군 조선소에서 일했던 남성들의 운명이었다. 그들 중 상당수는 해군 전함의 선체에서 부속물의 단열을 위해 사용했던 석면에 고농도로 노출되었다. 10년, 20년, 30년, 심지어 40년 후에, 대부분 흡연자였던 이 남성들은 폐의 바깥쪽을 싸고 있는 막을 공격하는 희귀암인 중피종(mesothelioma)으로 사망하기 시작했다. 이 암은 거의 예외 없이 석면 노출과 직접 연관지을 수 있었다. 폐암과 흡연의 관계와 마찬가지로, 석면에 처음 노출된 후 생명을 위협하는 암이 발병하기까지는 30~40년의 세월이 흘렀다.

이러한 역학적 관찰 덕분에 오랜 시간이 필요한 다단계 과정을 통해 암이 형성된다는 가설이 더욱 설득력을 얻게 되었다. 이러한 생각은, 정상적인 인체는 암의 발달을 막기 위해 여러 장벽을 세워 놓는다는 사실을 시사하기 때문에 매력적이었다. 이런 모든 장벽을 하나씩 뛰어넘은 후에야 암이 나타나는 것이다.

하지만 이 다단계 이론은, *ras* 암 유전자의 돌연변이처럼 극적인 한 번의 사건으로 고도의 악성 세포가 만들어지고 이 악성 세포가 증식해서 직접 완전한 암을 이룬다는 사실을 시사하는 저 1982년의 발견과는 아직 절충되기 어려웠으며, 암의 역학을 신봉하던 사람들은 이런 단일 암 유전자 이론을 순진하기 짝이 없는 단순한 이론으로 일축했다.

따라서 암의 형성에 관해 두 가지 완전히 상충되는 이론이 맞서고 있었다. 단일 암 유전자 돌연변이를 신봉하던 사람들은 암 역학이라는 분야가 세포와 조직 내에 존재하는 분자와는 동떨어진 주제라는 생각에 위안을 받았다. 정상 세포는 악성이 되기 전에 정말로 다단계의 변화를 거쳐야 할까? 역학에 근거를 둔 주장은 인간 세포의 진짜 생물학적 특성과는 별 상관도 없는 또 하나의 무미건조한 수학적 추론에 지나지 않는 것일까?

세포와 함께 춤을

유전자와 세포를 가지고 씨름하던 연구자들은 역학 연구를 흥미롭게 생각했지만 쉽게 확신하지는 않았다. 그들은 단일 암 유전자를 정상 세포에 집어넣어 정상 세포를 암세포로 바꾸는 데 성공하지 않았던가? 단일 암 유전자는 돌연변이를 일으키는 발암 물질의 작용으로 인해 단번에 생겨난 것이다. 따라서 악성 암세포를 만드는 일에는 한 단계면 충분하지 않겠는가?

하지만 그 실험에는 한 가지 오류가 있었다. 일부 연구자들은 암 유전자를 정상 세포에 주입하는 단순한 유전자 이동을 통해 정상 세포를 암세포로 전환하는 실험을 재조사했고, 그 결과 그 동안 간과했던 실험 절차의 세부 사항 한 가지에 의문을 던지게 되었다. 그 세부 사항이란 DNA 안에 있는 암 유전자를 검출해 내기 위해 고안된 유전자 이동 실험에서 DNA를 전달받았던 쥐의 결합 조직 세포에 관한 질문이었다. 이 세포들은 의심할 나위 없이 한 단계만 거쳐도 암세포로 전환될 수 있었지만, 과연 이 세포들이 유전자 이동 실험이 시작될 때 정말 정상이었을까? 아니면 암으로 가는 여정에 이미 어느 정도 접어든 상태였는가?

결론부터 말하자면, 회의론자들의 말이 옳았다. 유전자 이동 실험에 사용된 쥐의 세포는 약간 비정상이었던 것이다. 그 세포들은 몇 년 전 쥐의 배아에서 채취해 배양 접시에서 키운 것이었고, 그 결과 무한정 번식할 수 있었다. 이런 세포들이 배양 접시 바닥을 가득 채웠을 때 일부를 다른 빈 접시로 옮기면 같은 성장 주기가 새롭게 시작되곤 했으며, 이 과정은 무한하게 반복된다. 그리고 암 유전자의 존재를 찾기 위해 DNA 검사에 사용한 세포들은 인간 방광암 유전자가 삽입되기 전에 10년 이상 접시에서 접시로 옮겨진 세포였던 것이다.

세포생물학자들은 실험실에서 무한정 번식할 수 있는 세포를 일컬어 '불멸화(immortalize)'되었다고 말하며, 세포가 불멸화되었다는 것은 곧 정상이 아니라는 의미를 내포하고 있다. 완전히 정상인 대부분의 세포들은 제한된 수만큼만 증식을 계속하다가 성장을 멈추며, 쥐의 세포들은 일반적으로 배양 접시에서 30~40회의 세대 증식을 한 뒤 성장을 멈춘다. 따라서 이런 세포들은 '유한(mortal)'하다.

드문 사건이긴 하지만 유한한 세포 중 일부에서 무한하게 성장할 수 있는 능력을 획득한, 불멸화된 변종 세포가 나올 수 있다. 흥미롭게도 사실상 모든 종류의 암세포는 불멸화된 세포인 것으로 보인다. 추출한 암세포를 배양 접시에서 키우면 무한정 증식을 계속하는데, 이러한 현상은 암이 형성될 때 불멸화가 일상적으로 일어나며 어쩌면 발암 과정에 필수적인 요소일 것이라는 점을 시사한다.

이 발견은 유전자 이동 실험을 재검토하던 과학자들에게 경종을 울렸다. 이들은 이미 불멸화된 세포를 사용했기 때문에 암 유전자의 발암 능력을 측정하기 위해 고안되었던 초기 실험들이 처음부터 잘못되었다고 결론지었다. 사용된 세포들은 암 유전자가 이동하기 훨씬 전에 명백한 전암성(前癌性) 변화를 거쳤던 것이다. 어쩌면 이미 절벽 끝에 대롱대롱 매달려 있었는지도 모르겠다. 도입된 암 유전자는 단지 절벽 끝에서 세포를 톡 밀어서 악성의 나락으로 빠뜨렸던 것이다.

이 아이디어는 1983년에 실험대 위에 올랐고, 이번에는 쥐의 배아에서 단 며칠 전에 자라기 시작한 정상 세포 속에 암 유전자를 주입했다. 이 세포들에게는 배양 접시에서 장기 체류하며 비정상적으로 발달할 기회가 주어지지 않았으며, 따라서 최대한 정상에 가까웠고 물론 유한했다.

회의론자들이 옳았다. 아무리 강력한 *ras* 암 유전자를 주입한다 하더라도 이렇게 완전히 정상인 세포는 단 한 번의 암 유전자 주입으로 암세포로 전환되지 않았다. 결국 불멸화된 세포와는 달리, 유한한 세포들은 암 유전자의 주입에 반응하지 않았던 것이다. 정상 세포는 악성으로 전환되기 위해 준비가 필요하고, 어쩌면 그 준비가 불멸화일지도 모르겠다. 그런 다음에야 암 유전자에 반응해 암세포가 되는 것이다.

이 결과는 완전히 정상인 세포가 정품 암세포가 되기까지 적어도 두 번의 획기적인 변화가 수반되어야 한다는 사실을 시사한다. 우선 정상 세포가 불멸화된 세포로 전환되어야 하며, 그 다음에 불멸화된 세포가 악성 세포로 전환되어야 한다는 것이다. 따라서 암은 세포 내에서 적어도 두 가지 변화를 연속해서 겪어야 하며, 어쩌면 훨씬 더 많은 변화가 필요할지도 모른다.

여러 단계 중의 첫 단계인 불멸화 단계가 *myc*나 *E1A*와 같은 다른 특정 암 유전자에 의해 모방되거나 적어도 촉진될 수 있다는 사실이 나중에 밝혀졌으며, 이 연관 관계는 다른 아이디어를 낳았다. 정상 세포에 두 개의 서로 다른 암 유전자를 집어넣는다면, 어쩌면 세포를 완전히 악성으로 전환시킬 수 있지 않을까? 이 암 유전자들은 암세포를 만드는 데 필요한 두 가지 변화 중 하나에 각각 기여할지도 모른다.

그래서 필자의 실험실과 얼 룰리(Earl Ruley)의 실험실에서는 쥐의 배아 세포에 암 유전자를 쌍으로 집어넣는 실험을 시작했고, 그제서야 쥐의 배아 세포가 악성으로 전환되는 것을 관찰하기 시작했다. 완전히 정상인 쥐의 배아 세포에 *myc* 암 유전자가 들어 있는 DNA 클론과 *ras* 암 유전자가 들어 있는 클론을 동시에 주입하면 정상 세포가 암세포가 되었으며, 이 두 암 유전자를 각각 넣었을 때는 어느 쪽도 그런 효과를 발휘하지 못했다.

이제 암세포의 발생에 관한 생각의 흐름은 특정 암 유전자의 속성을 둘러싸고 자리를 잡게 되었다. *myc*와 *ras* 암 유전자는 개별적으로는 불충분하지만 서로 손을 잡으면 암을 만들어 낼 수 있으며, 이런 협력 관계는 각각의 암 유전자가 독특한 방법으로 세포를 변화시킨다는 사실을 암시했다.

이제 암이 다단계로 발생한다는 사실이 더욱 구체화되었고, 어쩌면 암세포를 만드는 일에 기여하는 각 단계들이 세포의 유전체 내에 있는 다양한 암 유전자에 영향을 미치는 희귀한 돌연변이를 의미하는 것일지도 모른다. 그런 돌연변이가 두 개 또는 그 이상 축적될 때에만 세포의 성장은 완전히 선로를 벗어나게 되는 것이다.

myc 암 유전자와 *ras* 암 유전자의 협력 모델은 곧 다른 암 유전자 쌍으로 확대되었고, 거듭되는 실험의 성공은 두 개의 유전자 돌연변이면 대부분의 암세포를 충분히 만들 수 있다는 인상을 주었다. 하지만 심지어 두 개라는 숫자도 사실은 환상에 지나지 않았으며, 암의 메커니즘을 간단하게 밝혀낼 수 있을 것이라는 것은 헛된 기대임이 판명되었다. 1980년대가 해를 거듭할수록 인간의 암세포는 두 개를 훨씬 넘어서 여섯 개까지 이르는 돌연변이 유전자

를 가지고 있다는 사실이 분명해졌다. 암세포의 유전체를 분자생물학적으로 샅샅이 분석해서 얻어 낸 이런 높은 숫자는 나이가 많아질수록 암의 발생률이 가파르게 상승하는 곡선에서 역학자들이 추론해 낸 암 발생 단계의 숫자에 훨씬 근접한 듯이 보였다.

이제 암 형성에 관한 이론을 다시 정리해 볼 수 있게 되었다. 암을 야기하는 희귀한 사건의 연속선 위에는 세포의 유전적 조성을 점진적으로 변화시키는 돌연변이들이 연속해서 포진해 있으며, 이러한 돌연변이들은 끊임없는 성장의 나락으로 세포를 한 걸음 한 걸음 밀어 넣는 것이다.

6
불난 집에 부채질하기

인간의 암이 연속적인 유전자 돌연변이에 의해 발생한다는 개념은 한 세기 이상 과학계에 울려 퍼지기에 충분한 주제였다. 암의 발달은 종의 진화와 놀랄 만큼 유사하다. 찰스 다윈(Charles Darwin)은 19세기 중엽에 균일하지 않은 집단에서 가장 적합한 생명체를 선택하는 자연의 능력이라는 관점에서 진화를 설명했고, 1920년대와 1930년대에 유전자 돌연변이가 발견된 후에 다윈의 자연 선택 이론은 다시 다듬어지고 확장되었다. 이제 과학자들은 무작위로 일어나는 돌연변이가 유전적으로 균일하지 않은 생물군을 만들어 낸다는 사실과 자연 선택을 통해 그중에서 우연히 가장 우수한 유전자군을 지닌 생명체의 생존과 번식이 선택된다는 사실을 인식하게 되었다.

인체에서도 이와 유사한 과정이 작용하는 듯하며, 이 경우에 서로 경쟁하는 것은 바로 개별 세포들이다. 성장을 조절하는 유전자 중 하나를 변화시키는 돌연변이를 우연히 얻은 세포는 유전적으로 정상인 세포에 비해 성장에 유리할 수도 있다. 그러면 그 세포는 조직에 비정상적으로 많은 후손들을 쏟아 낼 것이고, 나중에 이런 후손 세포 중 하나에 다른 돌연변이가 일어나서 더 큰 성장 능력을 얻는다면, 그 세포는 더 공격적으로 성장하는 무리를 이루게 될 것이다. 이 세포들은 더 효과적으로 이웃들을 밀어 낼 것이고, 조직 내의 제한된 공간과 영양소를 압도적으로 많이 차지할 것이다.

하지만 생체 내의 이러한 진화는 다윈의 진화론과 한 가지 중요한 측면에서 거리가 있다. 진화하는 군집이 계속해서 유전적으로 향상되면, 결국 그 군집의 보금자리가 되는 환경이 파괴되기 때문에 군집의 장기 생존 능력이 제한되는 방식으로 절충이 시도되지만, 진화하는 암세포군은 자신들의 생존에 필수적인 숙주 생명체를 사망에 이르게 한다.

암의 형성 과정에서 아직도 중요한 요소가 빠져 있다. 활동적인 암 유전자를 만들어 내는 것과 같은, 암을 일으키는 데 관여하는 각각의 돌연변이들은 일어날 가능성이 대단히 희박한 사건이다. 어떤 돌연변이가 성장을 조절하는 유전자를 공격해서 이 유전자를 진화하는 암세포에게 이득이 되는 유전자로 전환시킬 확률은 대단히 작으며, 한 번의 세포 분열시에 일어날 확률은 100만분의 1도 채 되지 않는다. 더구나 암을 만드는 데 필요한 돌연변이의 수는 대단히 많아서 여섯 개, 어쩌면 그 이상에 이른다.

한 세포에서 각각의 중요한 돌연변이가 중복되어 일어나려면 최근에 돌연변이가 일어난 세포는 그 후손에서 다시 100만분의 1의 확률로 돌연변이가 일어날 수 있도록 증식을 거듭해서 100만 개 이상의 세포군을 이루어야 한다. 이렇게 세포군이 확장되려면 몇 년, 몇십 년이 걸릴 수도 있으며, 그렇기 때문에 암의 형성 과정에서 각 단계 사이에 그렇게 긴 간격이 존재하는 사실을 설명할 수 있다.

이렇게 한 단계와 다음 단계 사이에 긴 간격이 존재한다는 사실은 평균 인간 수명으로는 모든 다단계 과정이 완성되기 힘들다는 것을 의미한다. 하지만 인간의 상당수가 암에 걸리고 있지 않은가? 서양에서는 전체 사망 원인의 20~25퍼센트가 어떤 식으로든 악성 종양과 관련이 있다.

이 역설을 풀어 줄 재미있는 가설이 있다. 어쩌면 진행 속도에 관한 가정이 틀렸을 수도 있지 않을까? 좀 더 핵심에 접근해 보면,

암이 형성되는 연속적인 단계에서 그 진행을 가속화할 조건이 발생할 수도 있다는 것이다.

이러한 가설 덕분에 돌연변이가 일어나는 속도와, 더 깊이 들어가서는 암을 유발하는 돌연변이를 만들어 내는 분자생물학적 메커니즘을 세심히 살펴보게 되었다. 엑스선이나 돌연변이를 일으키는 화학 물질들에 의한 DNA 이중 나선의 공격은 앞에서 언급한 것처럼 한 염기를 다른 염기로 바꾸거나 DNA의 일부를 전부 삭제함으로써 염기들을 손상시킬 수 있다.

암을 유발하는 돌연변이가 흔하지 않다는 사실은 돌연변이 과정이 비효율적이라는 점에 기인한다. 화학적·물리적 돌연변이원들은 세포의 유전체를 무작위로 공격한다. 하지만 원형 암 유전자와 같은 중요한 표적 유전자들은 유전체의 아주 작은 일부분을 차지하기 때문에 돌연변이원이 이렇게 중요한 표적을 찾기란 쉬운 일이 아닐 것이다. 운이 좋으면 세포에게 엄청난 일이 벌어지지만, 정해진 시간 내에 대박이 터질 가능성은 희박하다.

또 한 가지 중요한 사실은, 돌연변이원에 노출되지 않더라도 비록 확률은 낮지만 한결 같은 비율로 돌연변이가 나타나는 듯이 보인다는 점이다. 이런 돌연변이들은 우발적인 것처럼 보였고, 모든 생명체에 고유하게 나타나는 것으로 밝혀졌다. 사실 종의 진화는 DNA 염기 서열의 느리지만 우발적인 변화에 의해 이루어졌다. 지구에 생명체가 처음 출현한 이후 끊임없이 일어나고 있는 그러한 돌연변이들은 유전적 다양성을 창출해 냈으며, 같은 종에서도 다양한 특성을 부여했다. 그리고 자연 선택은 유전적으로 가장 뛰어난 자질을 갖춘 개체들을 선호했다. 돌연변이를 일으키는 화학 물질이나 방사선은 단지 돌연변이가 발생하는 속도를 빨라지게 함으로써 주어진 시간 내에 돌연변이가 일어날 가능성을 훨씬 높여 줄 뿐이다.

예를 들어 담배를 많이 피우는 사람은 강력한 돌연변이원으로 세포를 침몰시킴으로써 유전자에 돌연변이를 일으키는 데 필요한 시간을, 예를 들어 10년에서 1년으로 줄일지도 모르겠다. 결과적으로 비흡연자에게서는 수백 년이 걸려야 완성될까 말까 한 폐암이나 방광암의 형성 과정 전체가 흡연자에게서는 10~20년으로 단축되는 것이다.

하지만 일단 암의 형성을 촉진하는 매개체들이 확인된 후에는 앞에서 제시된 개요를 좀 더 다듬을 필요가 있었다. 어떤 화학 물질들은 암의 형성을 촉진했지만 DNA를 공격하는 것 같지는 않았다. 즉 돌연변이를 일으키는 능력은 부족했다는 뜻이다. 예를 들어 알코올이나 석면, 에스트로겐은 모두 특정 암의 위험률을 증가시키는 것으로 알려져 있지만, 이 중 어느 물질도 DNA를 손상시키는 능력을 갖지는 못한 것 같다. 그렇다면 돌연변이를 일으키는 능력이 없는 물질들이 어떻게 암의 형성을 촉진할 수 있을까?

해답은 살아 있는 세포 내에서 DNA가 복제되는 방식을 재점검하는 과정에서 나왔다. 1953년에 왓슨과 크릭이 DNA 이중 나선을 처음 발견했을 때, DNA 구조는 완벽하고 빈틈없으며 잘 고안되어 살아 있는 세포 내에서 DNA에 해로운 영향을 줄 수 있는 요소들을 대부분 견뎌 낼 수 있을 것처럼 보였다. 예를 들어 염기들은 이중 나선의 안쪽에 배열되어 있기 때문에 돌연변이를 일으키는 화학 물질의 직접적인 공격에 그렇게 취약하지는 않다. 게다가 인접한 염기들 간의 연결은 세포 내에서 끊임없이 생산되는 알칼리성 이온에도 견딜 수 있었다.

이렇게 이중 나선 자체는 화학적 공격에 견디는 능력이 상대적으로 우수했지만, 세포의 유전 정보를 유지하는 과정에는 취약했다. 세포는 성장과 분열 과정을 거칠 때마다 유전체를 복제해야 하는데, 바로 그때 취약점이 노출되었다. 모세포는 복제를 통해 얻은 두 개의 유전체를 딸세포에게 하나씩 제공하며, 각각의 유전체는 모세포가 가지고 있던 것과 동일하다.

바로 이 DNA 복제 과정에 약점이 있다. 때때로 세포는 세포가 분열되기 전에 DNA의 염기 하나를 잘못 복사하기도 하며, 그 결과로 딸세포는 약간의 문제가 있는 유전체, 즉 사실상 돌연변이 유전체를 받게 된다. 가장 훌륭하게 제 일을 하는 세포라고 할지라도 DNA를 복제할 때마다 100만분의 1의 확률로 실수를 저지를 수 있으며, 따라서 세포의 성장과 분열은 돌연변이에 대한 아킬레스건이다.

DNA 복제 과정이 완벽하지 못하다는 사실은 암의 형성이 촉진될 수 있는 다른 길을 제시해 주었다. 세포 성장을 촉진하는 물질들은 단순히 세포가 DNA를 복제하게 함으로써 간접적으로 돌연변이를 만들어 낼 수 있을 것이다. DNA가 더 많이 복제된다는 의미는 복제 과정에서 오류가 일어날 가능성이 더 높고, 따라서 더 많은 돌연변이가 일어날 수 있다는 사실을 의미한다.

이 사실을 알게 된 후, 우리는 어떤 종류의 물질들이 DNA에 직접 손상을 입히지도 않으면서 발암 물질로 작용할 수 있을지 추리해 보기 시작했다. 자주 거론되던 물질은 알코올로서, 알코올

자체는 돌연변이를 일으키는 능력이 없지만 담배와 어울리면 강력한 발암 물질이 되는 것으로 나타났다. 고농도의 알코올에 반복해서 노출되면 구강과 후두를 덮고 있는 세포들이 상당수 죽는 것으로 알려져 있으며, 그러면 살아남은 세포들은 성장하고 분열해서 전사한 동료들의 자리를 대체하라는 명령을 받게 될 것이다. 이렇게 성장과 분열이 반복될 경우, 해당 세포들의 DNA에는 돌연변이가 생길 것이고, 게다가 복제 과정 중에 있는 DNA는 증식하지 않는 세포의 DNA에 비해 돌연변이에 의한 손상에 훨씬 더 취약하다. 앞에서 말한 추리는 수많은 돌연변이원이 들어 있는 담배와 세포 증식을 촉진하는 알코올이 왜 치명적인 짝을 이루는지 설명해 준다. 이들을 함께 사용하면 구강암과 후두암의 발병률은 30배까지 커진다.

아시아에서 주요 사망 원인 중 하나인 간암에서도 유사한 메커니즘이 작용한다는 것이 연구를 통해 밝혀졌으며, 역학 연구는 간암의 발생이 B형 간염 바이러스(HBV)의 만성 감염(때때로 평생 지속되는)과 밀접하게 연관되어 있다는 사실을 보여 준다. 타이완의 공무원들을 분석한 어느 연구에서는 만성 B형 간염에 걸린 공무원들은 일반 동료들에 비해 간암에 걸릴 확률이 100배나 높은 것으로 밝혀졌다.

RSV와는 달리 HBV의 DNA에는 암 유전자가 없으며, HBV가 세포 내에서 직접 돌연변이를 일으키는 경우는 거의 없는 것 같다. 대신에 HBV는 감염된 사람의 간 세포를 지속적으로 광범위하게 죽이며, HBV에 감염된 사람들은 아직 감염되지 않은 세포들이 성장과 분열을 통해 죽은 간 세포를 끊임없이 대체해 주는 덕택에 수십 년 동안 생존할 수 있다. 하지만 HBV 감염 환자의 간에서 끊임없이 일어나는 세포 증식은 세포 분열이 거의 일어나지 않는 일반인의 간과는 뚜렷한 대조를 이룬다. 다시 한 번 말하지만, 단순히 세포 분열을 반복해서 촉진하는 물질도 암의 출현을 촉진할 수 있다.

완전히 자연산인 에스트로겐은 인체의 고유한 호르몬이지만 유방암과 난소암의 발병에 기여한다. 에스트로겐은 유방에서 월경 주기 및 임신 기간 동안 유관(milk duct)을 덮고 있는 세포들의 증식을 촉진한다. 유선 상피 세포들은 다달이 증식했다가 죽어서 떨어져 나가며, 대부분의 여성의 경우에 이러한 주기가 초경에서 폐경 때까지, 즉 보통 12~50세 동안 계속 반복된다.

많은 연구자들은 유방암의 원인을 에스트로겐에 의해 반복되는 세포 증식에서 찾고 있으며, 최근 유방암의 발병률이 증가하고 있는 것은 월경 주기의 수가 급격하게 증가한 것과 연관이 있는 듯하다. 영양 상태가 크게 개선되면서 20세기 후반의 소녀들은 할머니들에 비해 초경을 4, 5년 빨리 경험하고 있다. 게다가 출산과 관련된 풍속이 변화하고 있는 서양에서는 월경 주기를 억제하는 임신과 모유 수유가 모두 늦춰지고 있으며, 임신과 모유 수유를 경험했다고 하더라도 겨우 몇 년을 차지할 뿐이어서, 여성의 삶에서 30년을 출산과 수유에 바치곤 했던 한 세기 전의 상황과는 크게 달라졌다. 결과적으로 현대의 18세 소녀의 유방 조직은 그녀의 증조할머니의 유방 조직이 전 생애 동안 경험한 것에 비교될 수 있는 에스트로겐 세포 증식 주기를 경험했을지 모른다. 여기에서도 세포 증식을 촉진하는 조건은 암의 출현에 크게 기여한다.(여기에서 언급된 효과와는 별도로 나이가 어릴 때 임신과 수유를 하면 평생 유방암의 발병률이 감소하며, 이러한 예방 효과의 이유는 아직 설명되지 않았다.)

앞에서 언급한 다양한 이야기들은 한 가지 공통된 주제로 귀결된다. 어떤 물질들은 세포의 성장을 촉진함으로써 발암 과정을 가속화한다는 것이다. 성장하면서 DNA를 복제하는 세포들은 DNA 복제 과정 중에 실수를 저지를 수밖에 없으며, 실수가 잦아지면 돌연변이가 많아지고, 때로는 그 돌연변이가 원형 암 유전자를 활성 암 유전자로 바꾸어 놓는다. 세포 성장이 촉진되면 돌연변이가 일어나는 시간 간격이 단축되어 세포가 다수의 돌연변이 암 유전자를 획득하는 데 걸리는 과정을 단축시킨다.

에임스가 처음에 대중화했던 주제는 과학자들이 처음 이해했던 것보다 훨씬 더 예리한 통찰력을 요구했다. 돌연변이원들은 분명히 암을 유발할 수 있지만, 돌연변이를 일으키지 않는 물질들도 세포 증식을 촉진함으로써 암을 유발할 수 있다. 돌연변이원과 손을 잡고 함께 일하는 이러한 성장 촉진 물질들을 이른바 '암 촉진자(promoter)'라고 하며, 이들은 다양한 종류의 암을 유발하는 과정을 촉진한다.

7
제동 장치

복잡한 생물학적 과정을 단순한 구조로 환원하는 것을 불변의 목적으로 삼고 있는 분자생물학자에게, 1982년에 발견된 *ras* 암 유전자의 점 돌연변이는 대단한 반향을 일으켰다. 이들은 단순히 정상 세포의 유전체 내에 일어난 하나의 돌연변이 때문에 암이 발생한다는 개념에 매료되었다. 하지만 1년도 채 되지 않아 다른 암 유전자들이 발견되면서 암의 형성에 반드시 필요한 돌연변이의 수는 두 개로 늘어났다. 하지만 두 개라는 개수도 분자생물학자에게는 대단히 매력적이었으며, 두 개의 돌연변이 유전자는 아직 복잡성이 통제 가능한 수준이라는 사실을 보여 주었다. 하지만 그 개수도 곧 위태로워졌다. 1980년대 중반이 되자 발달 과정 중에 대부분의 암이 축적하는 돌연변이의 수가 두 개를 훨씬 뛰어넘는다는 사실이 분명해졌다. 여러분이 기억하는지 모르겠지만, 역학 연구는 암 형성에 적어도 여섯 단계가 필요하다는 사실을 확인해 주었으며, 많은 과학자들은 세포 내에서 돌연변이 유전자가 각각 만들어지는 것과 정상 세포가 악성 세포로 점차 진화해 가는 단계는 서로 관련이 있을 것이라고 추정했다.

이런 인식 때문에 암세포의 유전체 내에 존재하리라고 예상되는 여러 개의 돌연변이 암 유전자를 찾는 일이 시작되었는데, 유전자 사냥에 나섰던 연구자들은 충격과 더불어 실망을 느꼈다. 같은 암세포의 유전체에는 여러 개의 돌연변이 암 유전자들이 공존하지 않았던 것이다. 어떤 암은 *ras* 암 유전자를 가지고 있었고, 어떤 암은 *myc* 또는 N-*myc*, *erb* B2 유전자를 가지고 있었다. 하지만 암 유전자 두 개를 함께 가지고 있는 암조차도 대단히 드물었다. 뭔가 잘못된 것이었다. 일련의 암 유전자들이 연속적으로 활성화됨으로써 암이 발달한다는 개념은 현실과의 고리를 잃어버렸다.

이제 진퇴양난에서 벗어나는 길은 두 가지였다. 어쩌면 상당한 간접 증거에도 불구하고 암은 실제로 여러 개의 돌연변이 유전자를 가지지 않았는지도 모른다. 다른 가능성은, 암세포가 여섯 개 또는 그 이상의 돌연변이 유전자를 가지고 있지만 이들 대부분은 암 유전자와 연관이 없을 수도 있다는 것이다. 하지만 이런 가설에서도 유전자들은 암 형성에 동일하게 중요한 역할을 할 수 있을 것이다. 만약 그렇다면 유전자 사냥꾼들은 길을 잘못 들어섰던 것일 게다. 암 유전자에만 초점을 맞췄던 것이 잘못일지도 모른다.

1980년대 중반에 마침내 인간 암의 DNA에서 암 유전자와는 크게 다른 돌연변이 유전자들이 발견되었으며, 이 새로운 유전자들을 '암 억제 유전자'라고 명명했다. 암 억제 유전자의 발견은 인간 암의 발생에 관한 퍼즐의 거대한 공간을 메워 주었다. 이 새로운 유전자는 1975년 이후로 10년간 암 유전자에 관한 관심을 폭발시켰던 바이러스나 유전자 클로닝, 유전자 이동 실험과는 완전히 다른 종류의 실험을 통해 모습을 드러냈다.

이 새로운 작업에서는 '세포 교잡(cell hybridization)'이라는 괴상한 실험법이 사용되었는데, 옥스퍼드 대학교의 헨리 해리스(Henry Harris)를 위시한 몇몇 연구자들은 배양 접시에서 키운 세포들을 강제로 융합시켰다. 이러한 세포 융합 또는 세포 교잡을 통해서 해리스와 다른 연구자들은 암세포 내에서 작용하는 유전자들의 행동에 관한 근본적인 진리를 발견할 수 있었으며, 암 억제 유전자의 발견도 여기에 포함되어 있었다.

1970년대 중반에 세포 융합 실험이 시작되기 훨씬 전에 완전한 생명체 간의 교잡 실험이 시행되었다. 앞에서 언급한 것처럼, 최초의 체계적인 교잡유전학 연구는 1860년대에 오스트리아의 수도 사제였던 멘델이 다양한 종류의 완두를 교잡한 연구였다. 멘델의 업적은 한 세대 동안 잊혀졌다가 1900년에 재평가되어 현대 유전학의 초석이 되었으며, 생물학적 정보가 후에 유전자로 명명된 정보 꾸러미 안에 넣어져 전달된다는 개념을 낳게 되었다.

20세기 들어 유전학의 폭발적인 성장은 박테리아나 효모처럼 단순한 단세포 생명체를 비롯해서 모든 생명체들이 유전자를 원형으로 해서 후손을 만든다는 사실을 보여 주었다. 또한 박테리아에서 인간에 이르기까지 거의 모든 생명체들이 정교한 짝짓기 메커니즘을 발전시켜 온 것으로 밝혀졌다. 그리고 예외 없이 동일한 동기가 깔려 있다는 사실이 분명해졌다. 짝짓기를 통해 종의 개체 간에 유전자를 교환하고 혼합할 수 있었던 것이다. 모든 종은 유전적으로 균일하지 않은 개체들로 이루어져 있기 때문에 짝짓기를 통해서 유전자를 멋지게 조합해 낼 기회를 얻게 되고, 훌륭한 유전자 조합은 부모보다 우수한 후손을 얻게 해 준다. 또한 이렇게 생존 능력이 커지면 진화에도 탄력이 붙는다.

유전적으로 독특한 개체들의 짝짓기를 이용하면, 유전자, 특별히 다른 개체와 짝짓기되어 섞인 유전자들의 행동을 연구하는 일에 강력한 단서를 잡을 수 있다. 박테리아나 효모는 서로 교잡하는 것으로 밝혀졌지만, 포유류의 조직 세포는 이러한 능력을 가지고 있지 않다. 포유류의 세포 간에 자연적으로 이루어지는 유일한 교잡은 정자와 난자의 융합이며, 이 때문에 연구자들은 서로 다른 종류의 세포들을 교잡한 결과, 즉 어떤 사람의 골세포를 다른 사람의 골세포와 융합한다든가 골세포를 근육 세포와 융합한 결과를 관찰할 수 없었다.

자연이 설정한 이러한 한계를 벗어나고 싶었던 해리스는 동물 세포들을 배양 접시에서 키우면서 강제로 융합을 시도했다. 이러한 세포 융합은 대단히 인위적이었지만 서로 다른 기원을 가진 세포들을 교잡하는 방법을 제공해 주었다. 해리스가 사용한 융합 기술은, 특정 바이러스 분자가 배양 접시 내에서 인접한 세포의 세포막(plasma membrane)과 다른 한 세포의 세포막을 융합시키는 능력에 기초를 두고 있었다. 그러면 결과적으로 모세포들의 핵 두 개가 하나의 공통 세포막 안에 들어가게 되고, 곧 핵들도 융합되어 유전자들이 하나의 공통 핵 속으로 합쳐진다.

어떤 조건에서는 여러 세포가 동시에 융합되어 성장이나 분열을 할 수 없는 거대한 세포를 만들어 내기도 하지만, 두 개의 세포가 융합되면 흥미로운 상황이 발생한다. 이렇게 두 세포가 융합되어 만들어진 잡종(hybrid) 세포는 성장하고 분열하면서 두 모세포에서 기원한 유전자들을 후대로 전달하는 것이다.

대부분의 결혼이 그렇듯이, 이러한 두 세포의 짝짓기도 모세포들이 서로 큰 차이를 보일 때 흥미로워진다. 유전학 연구가 대부분 그렇지만 후대의 특성을 예측하는 일만큼 흥미로운 것은 없다. 어느 세포의 유전자가 후대에 특별한 영향을 미칠 것인가? 인간 유전학에서도 비슷한 주제들이 제기된다. 어린 존은 아빠 눈을 닮을까, 아니면 엄마 눈을 닮을까? 아빠의 붉은 머리카락을 닮을까, 아니면 엄마의 갈색 머리카락을 닮을까?

가끔 예기치 못한 결과가 나오는 것은 양쪽 부모에게 수여받은 유전자들 간의 투쟁을 반영한다. 짝짓기를 통해 태어나는 생명체는, 효모이든 인간이든 간에 특성을 지니고 있는 유전자들을 한 쌍씩 가지고 있으며, 이 한 쌍의 유전자들은 서로 상반되는 정보를 지니고 있을 수 있다. 즉 어린 존은 갈색 눈 유전자 하나와 파란 눈 유전자 하나를 부모에게서 받을 수도 있다. 문제는 어떤 유전자가 최종적으로 어린 존의 눈 색깔을 결정하느냐 하는 것이다.

승자는 '우성' 유전자라 불릴 것이고, 패자는 '열성' 유전자라 불릴 것이다. 우성 유전자는 세포의 대사 과정에 더 강력한 영향을 미치는 경우가 많은데, 예를 들어 눈 색깔과 관련된 우성 유전자는 눈 색소를 생산하는 능력을 지정하는 반면에 열성 유전자는 색소를 생산하는 능력이 부족할 수 있다.

해리스는 이런 모든 사실을 염두에 두고 인간과 설치류의 세포를 다양한 조합으로 융합시켜 이런 세포들의 유전자가 어떤 방식으로 서로 혼합되는지 관찰했다. 가장 도발적인 세포의 강제 교잡은 정상 세포와 암세포의 교잡이었다. 해리스는 이런 세포들을 섞어서 배양 접시에서 함께 성장시켜 짝을 지어 융합시켰고, 정상 세포와 암세포의 잡종 세포가 행동하는 방식을 연구했다.

교잡의 결과는 강 건너 불을 보듯 뻔할 것 같았다. 암은 인체 내에서 우성의 힘을 가지고 있으며, 암세포는 예외 없이 정상 세포보다 훨씬 왕성하게 성장한다. 따라서 암세포가 정상 세포와 융합된 경우, 암세포 내의 강력한 유전자들이 정상 세포의 상대적으로 약한 유전자들에 대해 우위를 점할 것이고, 이런 논리에 따르면 양쪽의 유전자를 모두 지니고 있는 잡종 세포는 암세포에 가깝게 행동해야 한다. 그리고 다른 어떤 것보다도 잡종 세포는 쥐나 다른 설치류에 주사했을 경우 암을 만들어 낼 수 있어야 했다.

하지만 해리스는 정반대의 결과를 얻었다. 정상 세포와 암세포의 잡종 세포는 예외 없이 암을 만들어 내는 능력이 부족했으며, 예상은 완전히 빗나갔다. 정상 세포의 성장 유전자가 우세했으며, 암을 유발하는 유전자들이 열성이었던 것이다.

논리적으로 해리스의 기상천외한 결과를 설명하는 길은 한 가지밖에 없었다. 정상 세포는 정상적인 세포 성장을 결정하는 유전자를 소유하고 있는 것처럼 보였다. 반대로 암세포는 암으로 진행되는 동안 이러한 유전자들을 버렸음이 분명하며, 따라서 이런 유전자들이 지닌 '성장을 정상화하는 속성'에 영향을 받지 않을 것이다. 해리스가 마련해 놓은 세포의 결혼식 후에는 정상 세포가 제공한 정상화 유전자들이 암세포에게 자신들의 의지를 재부여함으로써 암세포의 성장을 정상으로 되돌려 놓을 수 있었을 것이다.

이런 개념은 한층 더 발전되었다. 정상 세포에 존재하는 유전자들은 성장을 늦추는 것처럼 보였으며, 실제로 세포가 마구잡이 성장으로 기울어지려는 경향을 상쇄하는 제동 장치 역할을 했던 것이다. 결국 이러한 유전자를 잃은 암세포는 제동 장치를 잃은 것이다. 세포 교잡을 통해 암세포에 제동 장치가 재장착되면, 앞으로만 진행하던 암세포들은 이제 끊임없는 성장을 갈구하는 조절 불가능하던 충동을 조절할 수 있다.

이 중 어떤 것도 당시에 만연하던, 암 유전자들이 우성으로 작용한다는 견해에 들어맞지 않았는데, 이 견해는 암 유전자와 씨름한 10여 년 동안의 연구를 통해 형성된 것이었다. 돌연변이에 의해 활성화된 암 유전자를 정상 원형 암 유전자를 지니고 있는 세포에 주입하면 암 유전자는 예외 없이 같은 결과를 야기했다. 즉 조절되지 않는 성장을 세포에게 강요했고 정상 원형 암 유전자를 압도했던 것이다. 이 사실은, 원형 암 유전자는 열성 유전자로 작용하면서 정상적으로 잘 조절된 세포 증식을 촉진하며, 이들의 돌연변이 형태인 암 유전자는 과활성화되어 우성 유전자로 작용하면서 지칠 줄 모르는 증식을 계속 촉진한다는 것을 암시했다.

따라서 해리스가 발견한, 성장을 정상화하는 유전자들은 원형 암 유전자와 암 유전자와는 사뭇 다른 기능을 가지고 있었기 때문에 새로운 명칭이 필요했고, 세포 융합시에 보여 주었던 행동을 반영하여 암 억제 유전자로 불리게 되었다. 과활성화된 원형 암 유전자의 우성 형태나 불활성화된 암 억제 유전자의 열성 형태 모두 암의 형성에 기여하는 것처럼 보였다.

유전자 클로닝을 통해 암 억제 유전자들이 분리되기까지는 이후에도 몇 년이 더 걸렸지만, 암 억제 유전자의 존재를 가리키는 증거는 부정할 수 없었으며, 암의 유전적 기초를 이해하려는 사람들은 모두 암 억제 유전자를 설명해야 했다.

이제 암이란 무대에 두 종류의 유전적 배우가 올라와 있으며, 배우들은 세포 성장을 지배하는 메커니즘의 독특한 부분을 나타내고 있다. 원형 암 유전자는 자동차의 가속 장치 역할을 하며, 이들의 돌연변이 형태인 암 유전자는 최고도로 작동시킨 가속 장치와도 같다. 이와 반대로 암 억제 유전자는 제동 장치 역할을 하며, 정상 세포가 암세포로 발전하는 것은 이런 암 유전자가 불활성화되어 제동 장치에 결함이 생기는 것과 같다. 그리고 마구잡이 세포 성장은 둘 중 어느 메커니즘을 통해서라도 설명할 수 있다.

암 형성에 관해 완전히 정반대인 두 가지 설명이 존재한다는 사실에는 해명이 필요하다. 어떤 종류의 암세포는 악성 성장을 위해 어느 한 가지 메커니즘에 의존하며, 다른 종류는 다른 메커니즘에 의존하는 것일까? 아니면 암세포 내에서 두 가지 메커니즘이 함께 작용하는 것일까? 어쩌면 최고도로 작동시킨 가속 장치와 고장난 제동 장치가 함께 공모해서 암을 초래하는지도 모르겠다.

이 질문에 대한 해답은 곧장 주어지지 않았다. 하지만 암 억제 유전자의 발견은 암 연구의 새로운 측면인 암의 유전성에 대한 문을 열어 주었다. 때때로 암은 가족 내에서 유전되기도 하는데, 암 억제 유전자는 많은 종류의 가족성 암의 기원을 설명해 주는 실마리를 제공했다.

눈에 생기는 암

해리스의 연구 결과는 암 억제 유전자의 소실이 암을 일으키는 데 중요한 역할을 담당한다는 사실을 의미했다. 일단 세포에서 암 억제 유전자의 '세포 증식을 억제하는 영향'이 제거되면 세포의 성장 프로그램이 거침없이 시작될 것이다. 좋은 제동 장치가 없다면 자동차가 질주하는 것을 막을 방법은 없다.

세포가 한 유전자를 불활성화하거나 폐기 처분하는 방법에는 여러 가지가 있는데, 유전자를 구성하는 DNA 염기 서열의 돌연변이가 거의 예외 없이 여기에 관여한다. DNA 염기의 긴 조각이 유전자의 중간에서 삭제되는 경우도 많으며, 때로는 여러 유전자를 포함하는 염색체의 한 부분 전체가 폐기될 수도 있다.

하지만 세포가 유전자의 기능을 변형시키는 방법 중 가장 편리하고 따라서 가장 자주 사용하는 방법은 좀 더 교묘하다. 가장 흔히 사용하는 방법은 유전자의 염기 하나를 변화시키는 것, 즉 점 돌연변이를 유발하는 것이다. 비록 미묘한 변화지만, 이 변화가 유전자의 중요한 염기 서열을 공격할 경우에는 치명적인 결과를 낳을 수 있다. 점 돌연변이는 유전자의 중간에 부적절한 마침표를 삽입할 수도 있는데, 마침표는 유전자의 끝이라는 신호를 보내기 때문에 마침표가 삽입되면 유전자를 읽는 일이 중간에 그냥 끝나버리게 되고, 해당 유전자가 만들어 내는 단백질이 중간에서 잘린다. 어떤 경우에는 해당 유전자가 만들어 낸 단백질의 아미노산에 변화가 생겨 단백질이 기능을 하지 못하는 수도 있다. 어쨌든 그 규모에 상관없이 모든 돌연변이들은 세포가 돌연변이가 일어난 유전자의 봉사를 받지 못하게 된다는 마찬가지 결과를 낳는다.

사실 암 억제 유전자의 봉사를 받지 못하는 것은 앞에서 비유한 것보다 훨씬 복잡하다. 우리 세포 내의 거의 모든 유전자들은 각각 어머니와 아버지에게 받은 두 개의 사본을 지니고 있으며, 암 억제 유전자의 경우 이런 두 개의 사본 체계가 세포의 방어 메커니즘이 된다. 만약 암 억제 유전자 하나가 우연히 소실되면 남은 사본 하나가 완벽하게 이를 보충해 줄 수 있다. 거의 대부분의 경우, 한쪽 제동 장치만 작동하더라도 양쪽 제동 장치가 모두 작동할 때와 마찬가지로 세포의 성장을 늦출 수 있다.

이러한 잉여 체계는 인체에서 암의 발생을 막는 비특이적 메커니즘이다. 암 억제 유전자 하나가 소실될 확률이 대단히 낮다면, 암 유전자 두 개가 모두 소실될 확률은 거의 없다고 볼 수 있다. 특별히 돌연변이를 통한 불활성화로 인해 유전자 하나가 소실될 확률은 세포 한 세대당 100만분의 1 정도이며, 따라서 유전자 두 개가 모두 소실될 위험률은 100만분의 1 곱하기 100만분의 1에 불과하다. 그러나 복잡한 유전 메커니즘 때문에 실제 위험률은 10억분의 1 정도로 계산치보다 훨씬 높으며, 이러한 유전적 메커니즘의 일부가 다음에 설명되어 있다. 그렇더라도 세포가 이렇게 중요한 성장 조절 유전자를 모두 소실할 가능성은 대단히 낮기 때문에 마구잡이 성장이 대부분 효과적으로 차단되는 것이다.

암 억제 유전자를 제거하는 효과적이고 민첩한 행동은 많은 종류의 암의 형성에 중요하며, 우리는 눈에 생기는 희귀암인 망막모세포종에 관한 연구를 통해 이러한 역학에 대해 처음 배울 수 있었다. 망막모세포종은 어린아이 2만 명당 한 명꼴로 나타나며, 6~7세까지만 발생한다. 매년 50만 명 이상이 암으로 사망하는 미국에서도 연간 새로 발생하는 망막모세포종의 수가 200을 넘는 경우는 거의 없다. 이 희귀암은 후에 광수용체, 즉 빛을 감지해서 시신경을 통해 전기 신호를 뇌로 보내는 막대 모양 세포와 원뿔 모양 세포가 될 태아기 망막 세포에서 발생하는 것으로 보인다.

망막모세포종은 두 가지로 분류된다. 산발성 망막모세포종에 걸린 어린아이의 경우에는 가까운 친척 중에 망막모세포종 환자가 없는 반면, 가족성 망막모세포종의 경우에는 이런 희귀암 환자가 한 명 이상 나타나는 것을, 그것도 때로는 몇 대에 걸쳐서 나타나는 것을 확인할 수 있다.

텍사스의 소아과 의사인 앨프리드 너드슨(Alfred Knudson)은 1971년에 두 가지 망막모세포종을 모두 설명해 주는 유전학 이론을 제시했다. 너드슨은 망막모세포종이 생기기 전에 두 가지 유전자 돌연변이가 망막 세포를 공격해야 한다고 주장했다. 산발성 망막모세포종에서는 태아기 발달 과정 중이나 출산 직후에 망막 세포 중 한 세포에 두 개의 돌연변이가 연속으로 발생해야 한다.

너드슨의 주장에 따르면, 가족성 망막모세포종에서는 이렇게 중요한 돌연변이들이 사뭇 다르게 나타난다. 두 가지 돌연변이 중 하나는 수정란 시기에 이미 존재해 있으며, 이러한 돌연변이는 한쪽 부모에게서 유전되거나 심지어 정자나 난자가 생성되는 도중에 발생할 수도 있다. 이런 돌연변이는 발달 과정 중에 있는 태아의 모든 세포에게 전달될 수 있으며, 따라서 이 돌연변이 유전자는 신생아의 모든 세포에 존재할 것이고 여기에는 물론 망막 세포도 포함되어 있다. 그 후에는 망막모세포종을 유발하는 데 필요한 두 가지 돌연변이 상태에 이르기 위해서 단 하나의 추가 돌연변이만이 필요할 것이다.

생식 세포를 제외한 모든 세포들의 유전체에서 체세포 돌연변이가 일어난다는 사실을 기억하라. 돌연변이는 굉장히 드문 사건이기 때문에 두 개의 체세포 돌연변이가 하나의 망막 세포에서 만날 확률은 극히 낮으며, 사실상 산발성 망막모세포종은 어린아이 4만 명당 한 명에서만 나타난다. 그리고 산발성 망막모세포종에 걸린 아이는 예외 없이 단 하나의 망막모세포종만을 가진다.

이와 반대로 가족성 망막모세포종에서는 종양의 폭발적인 성이 시작되려면, 드문 일이기는 하지만 단 하나의 돌연변이만이 필요하다. 망막에 있는 표적 세포들은 수가 많고(1,000만 개 이상) 하나의 돌연변이가 일어날 확률은 세포 한 개당 100만분의 1이기 때문에 망막모세포종에 대한 돌연변이 유전자 및 관련 소인을 물려받은 아이는 양쪽 눈에 다발성 종양을 가지고 있는 경우가 많다. 요컨대 망막 세포 각각이 절벽 끝에 매달려 있어서 여기에 단 하나의 체세포 돌연변이만 더해져도 절벽 너머로 떠밀리는 것과 같다.

1980년대 중반에 이르러 이러한 돌연변이와 이들이 영향을 미쳤던 유전자의 본질이 분명하게 밝혀졌다. 두 개의 표적 유전자들은 열세 번째 염색체에 쌍으로 존재하던 유전자였으며, 이 유전자들은 망막모세포종과의 연관성 때문에 Rb 유전자라고 불리게 되었다. 너드슨이 예측한 각각의 돌연변이들은 두 개의 Rb 유전자 사본을 하나씩 쓰러뜨리는 역할을 했다. 만약 유전자 사본 하나만이 불활성화된다면 망막 세포는 남아 있는 다른 사본에 의지해서 완전히 정상으로 성장할 수 있지만, 사본 두 개가 모두 소실된다면 증식 조절 능력은 완전히 무너지게 된다. 즉 세포의 제동 장치가 소실되는 것이다.

Rb 유전자는 해리스의 세포 융합 실험에서 예측된 암 억제 유전자의 모든 특성을 지니고 있다. Rb 유전자는 정상 세포의 유전체에 존재하고 있었으며, 암세포의 유전체에는 존재하지 않거나 기능적으로 활성이 없었다. 하지만 이제는 해리스의 초기 연구에서 얻은 성과 위에 또 다른 성과를 덧붙일 수 있게 되었다. 첫 번째는, 암 억제 유전자의 기능 소실은 두 개의 유전자 사본이 연속적으로 제거되는 2단계 과정이라는 사실이고, 두 번째는, 문제가 있는 암 억제 유전자가 정자나 난자를 통해 부모에서 자손으로 전달될 수 있으며, 이럴 경우 태생적으로 암에 취약하다는 사실이다.

1986년에는 필자의 연구실과 태디우스 드라이자(Thaddeus Dryja) 연구실의 합동 연구를 통해 Rb 유전자를 이루는 DNA가 유전자 클로닝되었고, 그 결과 Rb 유전자가 인간의 암 발생 과정에서 차지하는 총체적인 역할을 평가할 수 있게 되었다. 처음에, Rb 유전자의 역할은 어린아이에게는 대단히 희귀한 망막모세포종을 일으키는 데 국한되는 것처럼 보였다. 실제로 모든 망막모세포종에서 이 유전자가 돌연변이를 일으킨 것으로 보였다. 게다가 소아기 때 가족성 망막모세포종에 걸렸다가 살아남은 아이들은 청소년이 되면 뼈에 생기는 암인 골육종에 걸릴 위험률이 높은 것으로 알려졌다. 나중에 골육종에서도 Rb 유전자의 기능이 소실된다는 사실이 증명되었다.

1980년대 후반에는 1986년에 클로닝된 Rb 유전자를 이용해서 3분의 1 이상의 방광암과 약 10분의 1에 해당하는 유방암에서도 Rb 유전자가 소실된다는 사실이 밝혀졌다. 두 경우 모두 해당 기관에서 일어난 체세포 돌연변이를 통해 Rb 유전자가 소실된 것이었다. 가장 충격적인 사실은 흡연자를 죽음으로 이끄는 주범인 소세포암을 유전적으로 분석하는 과정에서 나왔다. 소세포암은 거의 예외 없이 종양 형성 과정 중에서 Rb 유전자를 하나씩 소실하는 것으로 밝혀졌다.

우리는 Rb 유전자가 희귀 소아암과 연관 있기 때문에 초기에는 발암 과정에서의 역할이 제한적일 것이라고 생각했지만 이제 Rb 유전자가 훨씬 광범위한 역할을 담당한다는 사실을 깨닫게 되었다. 하지만 Rb 유전자와 연관된 암의 목록은 동시에 큰 수수께끼를 던져 주었다. 인체 내에서 Rb 유전자의 영향을 받는 다양한 장기들을 묶을 수 있는 공통 특성은 무엇일까? Rb 유전자는 인체 내의 모든 세포에서 세포의 성장을 가로막는 역할을 한다. 그렇다면 왜 이런 특정한 몇 가지 조직들에서만 Rb 유전자를 소실한 후에 암이 발생하는 것일까? 이 문제는 몇 년 안으로는 풀릴 것 같지 않았다.

다양성의 소실

우리는 현재 열 가지가 넘는 암 억제 유전자를 알고 있으며, Rb 유전자는 그 목록에 첫 번째로 올라 있다. 암 억제 유전자를 찾는 일은 쉽지 않으며, 암 억제 유전자는 일단 소실된 후에야 그 기능이 분명해진다. 유령처럼 행동하면서 어두운 장막 뒤에서 세포에 영향을 미치는 유전자를 무슨 수로 찾을 수 있겠는가?

암 억제 유전자 중 일부는 망막모세포종과 같은 가족성 암과 관련 있으며, Rb 유전자와 마찬가지로 생식 세포를 통해 유전될 수 있지만, 암에 대한 유전적 취약성과 관련이 없는 것들도 있다. 후자에 해당하는 암 억제 유전자들은 국소적으로 표적 기관에 발생하는 체세포 돌연변이를 통해 두 개의 사본이 하나씩 소실된다.

아주 정교한 유전학적 방법을 통해 이런 유전자들의 상당수를 추적할 수 있는데, 이 방법은 암이 발달할 때 암 억제 유전자의 사본 두 개가 소실된다는 유전학적 메커니즘을 이용한 것이다. 가장 분명한 과정은 대략 세포 한 세대당 100만분의 1의 빈도로 유전자 사본 하나가 소실된다는 것이다. 그 후에 또 다른 100만분의 1짜리 사건이 같은 세포 또는 그 세포의 직계 자손에게 일어나서 나머지 유전자 사본을 쓰러뜨린다. 유전자 사본 두 개가 모두 소실되면 마구잡이 성장이 일어난다. 앞에서 언급했듯이, 이러한 두 가지 사건이 한 세포(또는 작은 무리의 세포)에서 일어날 확률은 각각의 사건이 일어날 확률을 곱한 것, 즉 100만분의 1 곱하기 100만분의 1의 확률이며, 정상인의 수명에 해당하는 기간 동안 이러한 확률의 사건이 발생할 가능성은 거의 없다.

암세포는 두 번째 암 억제 유전자 사본을 제거하기 위해 좀 더 유리한 방법을 사용하는데, 암세포의 전략은 한 쌍의 염색체 내에 있는 한 쌍의 사본이 (한 쌍의 열세 번째 염색체에서 각각 하나씩 Rb 유전자를 지니고 있는 것과 마찬가지로) 종종 서로 평행하게 마주 보며 배열되어 있다는 사실에 기초를 두고 두 유전자의 상대가 되는 DNA 염기 서열을 비교한 뒤 유전 정보를 바꿔치기하는 것이다. 그럴 경우에 흔히 나타나는 결과는 한쪽 염색체에 있던 유전자의 염기 서열이 다른 염색체에 있는 사본의 해당 염기 서열을 대체하는 것이다. 따라서 정보 이동 전에는 같은 유전자지만, 서로 다른 두 개의 사본이 한 쌍의 염색체에 각각 존재하고 있었으나, 정보 이동 후에는 두 개의 사본 중 하나가 소실되는 대신 본래 다른 염색체에 있던 사본의 복사판이 그 자리를 차지한다. 결과적으로 처음에는 한 유전자의 서로 다른 사본을 두 개 가지고 있던 세포가 똑같은 사본을 두 개 갖게 된다.

이렇게 세포의 유전적 다양성이 소실되는 것을 '이형 접합체 소실(loss of heterozygosity)'이라고 한다. 유전자의 사본 두 개가 이제 같아졌기 때문에 사본이 동종화된 것이다. 이러한 유전자의 동종화는 세포 분열 1,000회당 1회꼴로 비교적 흔하게 나타나며, 따라서 아직 튼튼한 암 억제 유전자가 소실될 수 있는 간편한 수단이 되기도 한다. 간단히 말해서, 튼튼한 유전자 사본이 버려진 뒤에 이미 돌연변이가 일어난 문제 있는 사본의 복사본이 그 자리를 대신하는 것이다. 이런 사건이 일어날 총체적 확률은 100만분의 1(첫 번째 사본의 불활성화) 곱하기 1,000분의 1(불활성화된 사본의 복사와 튼튼한 유전자의 소실), 즉 세포 한 세대당 10억분의 1이 된다.

악성이 되기 전 단계에 있는 암세포들도 이 방법을 사용해서 암의 성장을 가로막고 있는 암 억제 유전자의 사본 두 개를 모두 제거하는 경우가 많다. 우선 유전자 사본 하나에 돌연변이를 일으켜 불활성화한 후에 이형 접합체 소실을 통한 동종화 과정으로 다른 사본을 제거하는 것이다. 또 한 가지 중요한 사실은, 이러한 동종화를 일으키는 염색체 교환에는 암 억제 유전자만 포함되는 것이 아니라 그 주위의 염색체 부위까지 꽤 넓게 교환되는 경우가 많다는 점이다. 따라서 한 염색체 위의 암 억제 유전자 좌우에 위치한 수백 개의 유전자들도 함께 동종화되는 경우가 발생한다.

이렇게 이웃 유전자들이 겪는 운명은 암 억제 유전자의 위치를 찾고 이를 분리해 내는 일에 여념이 없던 유전학자들에게 좋은 출발점이 되었다. 그들은 암세포의 염색체 전체에 흩어져 있는 유전자들을 마구잡이로 선택해서 모은 후에 이형 접합체 소실 여부를 분석했다. 유전학자들은, 정상 세포의 DNA에는 서로 다른 두 개의 사본이 존재하지만, 동일한 사람의 암세포에서는 두 개의 사본이 서로 일치하는 유전자를 찾는 시도를 하게 되었는데, 이형 접합체 소실의 발견은 해당 유전자의 정체가 무엇이든 간에 그 유전자가 해당 염색체의 암 억제 유전자의 근처에 위치할 것이라는 사실을 시사했다. 왜냐하면 암 억제 유전자야말로 암세포가 발달하는 과정에서 동종화의 참된 표적이 되기 때문이다.

유전학자들은 이런 논리를 염두에 두고 암세포의 유전체에서 암이 진행될 때 반복적으로 동종화되는 부위를 찾기 위해 수백 곳을 탐색하기 시작했다. 그리고 일단 그런 부위가 확인되면 유전자 클로닝 기법을 이용해서 용의자로 의심스러운 유전자를 찾아서 분리해 냈다.

현재까지 이런 탐색망에 걸린 열 개가 넘는 유전자들이 유전자 클로닝 팀에 넘겨졌다. *Apc* 유전자 주위의 염색체 부위는 거의 모든 대장암의 발달 과정 중에 동종화되며, *NF*-1의 주위는 신경섬유종이 발생하는 과정 중에 다양성을 소실한다. *WT*-1 주위는 특정 소아기 신장암에서 동종화의 운명을 맞는 한편, *VHL*을 둘러싼 부위는 다수의 성인 신장암에서 소실된다. *p16*^{INK4A} 유전자는 여러 가지 다양한 종양의 발달 과정 중에 다양성을 소실한다.

이렇게 작성된 유전자 명부를 보면 인간 유전체에 대단히 많은 암 억제 유전자가 있다는 인상을 받게 되며, 30~40개로 추정하고는 있지만 그렇게 정확한 수치는 아니다. Rb 유전자가 발견되었을 때와 마찬가지로 이러한 유전자들의 발견은 다음과 같은 풀기 어려운 수수께끼를 던졌다. 이런 유전자의 상당수가 인체 전체에 걸쳐서 다양한 종류의 세포 내에서 작용하고 있는 반면에 이런 유전자의 대부분이 소실될 경우에는 특정 조직의 성장 조절에만 강력한 영향을 미치는 경우가 많은 이유는 무엇일까?

물론 어떤 유전자는 이런 조직 특이적인 패턴에 예외적이다. *p53* 암 억제 유전자는 대단히 다양한 종류의 암에서 두드러진 역할을 담당하고 있으며, 60퍼센트 정도의 암에 이 유전자의 돌연변이형이 존재한다. 또한 *p53* 암 억제 유전자의 돌연변이형은 일부에서는 부모에서 자손으로 전달되기도 하는데, 이 경우에 자손들은 살아가는 동안 대단히 다양한 종류의 암에 걸린다.

새로운 암 억제 유전자를 찾는 작업은 아직도 활발히 진행되고 있다. 이러한 유전자 하나를 찾는 데에도 많은 인력과 세월이 소요된다. 결국 특정 암세포의 염색체에서 이형 접합체 소실을 발견하는 것은 용의자로 의심되는 유전자를 찾기 위해 수백만 개의 DNA 염기 서열을 훑어 나가야 하는 분자 사냥의 출발점에 불과한 것이다.

인간 유전체 계획에서 작성된 인간의 모든 유전자 목록을 이용하면 새로운 암 억제 유전자를 발견하는 일이 대단히 단순해질 것이며, 암 억제 유전자 하나를 찾기 위해 걸렸던 시간도 몇 년에서 몇 개월로 단축될 것이다. 또한 그렇게 되면 암이라는 유전학적 그림에서 빠져 있던 많은 조각들이 자리를 잡을 것이다. 유전자들을 손에 얻으면 우리는 돌연변이 암 유전자와 암 억제 유전자의 관점에서 많은 암들의 확실한 일대기를 작성할 수 있을 것이다. 종양들이 악성에 이르기까지 거쳐온 수많은 이야기들 말이다.

8
암 발달의 실례

인간의 장은 암이 자라기에 특별히 비옥한 토양을 제공하고 있다. 하지만 장이 항상 그래 왔던 것은 아니며, 적어도 대장암은 최근까지 흔한 사망 원인이 아니었다. 현대에 접어들면서 두 가지 커다란 변화가 있었다. 우선 우리는 예전보다 훨씬 장수한다. 20세기 중반에 접어들자 상당히 많은 사람들이 70대, 80대까지 장수하게 되었는데, 대장암은 이 연령대에서 많이 발병한다. 100년 전만 하더라도 그 연령대까지 살아남아서 대장암과 맞설 수 있었던 사람은 상대적으로 극소수에 불과했다. 그리고 우리의 식단이 변했다. 곡류와 채소가 주종을 이루던 식단이 육류와 지방이 풍부한 식단으로 바뀌었으며, 이러한 식단 변화의 효과는 역학 연구를 통해 분명하게 나타났다. 아프리카의 어느 지역 주민들은 거의 예외 없이 채소와 곡류만으로 이루어진 식단을 따르고 있는데, 이들 사이에서 대장암이 발생할 확률은 서양의 10분의 1도 채 되지 않는다.

20세기 중반이 되자 수명 연장과 식단 변화로 인해 미국 인구의 상당수가 대장암에 시달리게 되었으며, 특정 암의 발달을 이해하기 원했던 사람들에게는 대장이 대단히 매력적인 연구 대상이 되었다. 인체의 다른 장기에서는 암이 연간 수백, 수천 건 정도 발생했지만, 대장암은 연간 10만 건 이상이 새로 진단되었기 때문에 대장은 당혹스러울 만큼 풍부한 자료의 보고가 되었다.

대장 연구에는 또 다른 이점도 있다. 암이 자주 발병하는 다른 내부 장기와는 달리, 대장은 비교적 접근하기가 쉽다. 신축성 있는 내시경 튜브를 직장을 통해 집어넣어 내부를 확인하는 직장경 검사는 대장 내벽을 덮고 있는 세포들을 직접 볼 수 있게 해 준다. 1980년대 후반이 되자 정상과 악성 모두를 망라해서 인간의 대장에 관해 보고된 수백만 건의 연구를 통해 대장이라는 복잡한 조직에 어떻게 문제가 생기는가에 관한 풍부한 자료가 축적되었다.

정상 대장의 상피(대장의 벽을 덮고 있는 세포층)를 형성하는 세포는 정상적으로도 신속하게 교체된다. 보통 이러한 상피 세포는

2~3일 정도의 주기로 형성되고 성숙된 후에 대장강 내로 떨어져 나간다. 세포가 이렇게 빨리 교체된다는 사실은 상피 세포들의 수명이 짧다는 것을 시사하는데, 이는 아마도 상피 세포들이 대장의 내용물(소화 산물 및 대장에 거주하는 거대한 미생물군)의 공격에 취약하기 때문일 것이다. 실제로 대장 내벽은 최전방에 있는 세포들을 짧은 기간 동안 몸바쳐 싸우게 한 뒤 지속적으로 은퇴시키고 이를 새로운 신병들로 대체한다. 이렇게 하면 성장 조절 유전자에 돌연변이를 가지고 있는 세포를 포함해서 손상을 입거나 문제가 있는 세포들이 축적되는 것을 막을 수 있다.

끊임없는 교체가 일어나지만 상피 전체는 놀랄 만큼 일정한 모습을 유지하면서 잘 조직되어 있으며, 직장경 검사를 통해 대장의 전체 구조가 전 생애에 걸쳐 튼튼하게 유지된다는 사실을 확인할 수 있다. 하지만 어떤 사람들에게는 이런 유지 메커니즘이 망가져서 비정상적인 조직 구조가 나타나는데, 비정상적인 구조물로는 정상적인 외형을 가진 세포들의 수적 증가(과형성, hyperplasia)에서부터 암세포의 속성을 일부 획득한 세포 덩어리(이형성증), 이형성된 세포들의 거대한 덩어리, 대장강 내로 돌출되는 선종(腺腫) 또는 폴립에 이르기까지 다양하다.

물론 가장 극단적인 변화는 분명한 악성 성장(종양)과 연관되어 있는데, 상피 세포에 생기는 다른 악성 종양과 마찬가지로 이들을 암종(carcinoma)이라고 부른다.(악성 종양은 발생하는 조직 부위에 따라 상피 조직에 생기는 암종과 결합 조직에 생기는 육종으로 분류된다.—옮긴이) 암종은 다양한 가면을 쓰고 나타난다. 어떤 암종은 비교적 한 곳에만 자리를 잡고 있지만, 어떤 암종은 상피층 밑에 있는 근육층으로 침범해 들어가서 인접한 장기, 그중에서도 간에 자손을 정착시킨다.

이렇게 무질서가 점점 증가하는 일련의 과정은 복잡한 기술적 정보를 편리한 방식으로 나열하는 것 이상의 의미를 지니고 있으며, 사실은 대단히 중요한 생물학적 본질에 관한 실마리를 제공한다. 요컨대, 대장암이 발생하기까지는 정상 세포와 조직에서 비정상적인 속성이 증가하는 단계들을 거치면서 완전히 정상인 단계에서 시작해서 고도의 악성 상태에 이르는 일련의 변화 과정들이 요구된다는 것이다.

이렇게 일련의 변화들이 누적된다는 주장은 우리가 앞에서 마주쳤던 주제, 즉 암이 긴 시간에 걸친 다단계의 유전적 사건들의 최종 산물로 나타난다는 주제를 되풀이하는 것처럼 보인다. 어쩌면 대장 내벽에 나타나는 다양한 전암 병소(前癌病所)들이 완전히 정상인 상태에서 완전히 악성인 상태로 진행되는 과정의 중간 지점을 나타낼 수도 있으며, 만약 그렇다면 악성 종양들은 이미 비정상적인 전암 병소에서만 발생해야 하며 정상 조직에서는 직접 나타날 수 없을 것이다.

이 설명은 암의 기원을 설명하는 다른 많은 이론들과 마찬가지로 매력적이기는 하지만 단순한 한 가지 메커니즘을 가지고 복잡한 현상을 설명하려는 소망에서 비롯된 단순화된 이론에 지나지 않을 수도 있다. 사실 대장에서 볼 수 있는 다양한 세포 성장 패턴은 다른 이론, 즉 정상 대장 상피층이 한 가지 커다란 사건을 거치면서 약간 비정상인 형태부터 완전히 악성인 형태를 포함하는 대단히 다양한 성장 패턴으로 전환될 수 있다는 이론으로도 설명될 수 있다. 어쩌면 정상 세포들이 때때로 한 번의 큰 멀리뛰기를 통해 중간 단계를 뛰어넘어 바로 악성이 될지도 모른다. 직장경을 통해 살펴본 광경만으로는 정상 조직과 비정상 조직의 관계를 충분히 설명해 주지 못했다.

그러나 비정상적인 세포 성장에서 발견된 돌연변이 유전자의 분석을 통해 이 둘 사이의 관계를 한층 더 자세하게 밝혀낼 수 있었다. 볼티모어에 있는 존스 홉킨스 의과 대학의 버트 보겔스타인

(Vert Vogelstein)은 1980년대 후반에 이러한 유전자 분석을 시작했는데, 그는 여러 형태의 세포 증식을 생체 검사한 뒤 거기에서 유전적으로 비정상인 징후를 찾기 시작했다. 보겔스타인이 수집한 정보들은 종양이 정상에서 악성으로 진행될 때 일련의 자잘한 단계들을 거친다는 주장을 강력하게 뒷받침해 주었다. 대장 세포는 그러한 과정을 거치면서 유전체에 점점 더 많은 돌연변이 유전자들을 축적해 나갔던 것이었다.

보겔스타인은 세포 증식이 악성 종양으로 진행해 나갈수록 다섯 번째와 열일곱 번째, 열여덟 번째 염색체가 다양성(이형 접합체)을 소실하는 경우가 많다는 사실을 발견했다. 이 사실은, 이 세 개의 염색체에 암 억제 유전자가 존재하며, 이들이 제거되는 것이 대장의 발암 과정의 진행에 중요하다는 사실을 시사했다.

다섯 번째 염색체에 있는 *Apc* 유전자의 사본 두 개는 초기에 해당하는 약간 비정상적인 폴립에서도 이미 돌연변이화되어 있으며, 이런 폴립이 더 진행하면 또 다른 돌연변이 유전자인 *ras* 암 유전자를 DNA에서 찾아볼 수 있다. 여기에서 더 진행해서 악성이 되기 바로 전 단계에 돌입하면 보겔스타인이 *DCC*라고 명명한 암 억제 유전자가 소실되는 것으로 생각된다. 마지막으로 대장암 단계에 접어들면 세포는 이 세 가지 유전자의 돌연변이 형태와 더불어 $p53$ 암 억제 유전자의 변형을 갖게 된다.

이러한 관찰은 암의 발달 과정이 다단계의 복잡한 과정이라는 사실을 증명해 주며, 암이 반복적인 돌연변이와 선택 과정을 포함하는 다원주의적 과정을 통해 발달한다는 개념을 지지한다. 반면에 정상 조직이 한 단계만을 거쳐서 완전한 악성 암으로 발전할 수 있다는 주장은 개연성이 없다.

모든 종양이 이러한 일련의 돌연변이 과정들을 정확하게 따르는 것은 아니며, 앞서 대장암의 예에서 언급된 유전자들의 자리를 차지할 여러 유전자들과 해당 돌연변이들이 다른 종양에서 알려져 있지는 않다. 그러나 그렇다고 해서 핵심적인 교훈이 훼손되는 것은 아니다. 종양의 형성은 실제로 일련의 돌연변이에 의한 것이며, 이런 돌연변이들은 서로 협력해서 말기 암에서 볼 수 있는 공격적인 성장을 이끌어 낸다.

또 한 가지 중요한 점은 돌연변이 과정에 암 억제 유전자와 함께 적어도 하나의 암 유전자가 포함된다는 사실이다. 암 억제 유전자는 불활성화되지만 암 유전자는 과활성화되며, 여기에 자동차에 관한 비유를 적용해 보면 다음과 같다. 즉 암세포의 성장은 가속 장치가 최고도로 작동하는 사건과 제동 장치가 고장나는 사건이 동시에 일어날 경우 더 큰 유익을 얻게 된다.

앞에서 설명했던 유전자의 협력 모델을 이제 수정할 필요가 있다. 암 유전자 하나만으로는 완전히 정상인 세포를 암세포로 전환시킬 수 없지만, 다양한 조합의 암 유전자(예를 들어 *ras*와 *myc*)들은 실제로 서로 협력해서 세포의 형질을 전환시킬 수 있다는 사실을 기억하자. 이 사실은 세포가 몇 가지 돌연변이 암 유전자를 축적한 뒤에 암세포가 된다는 사실을 시사한다. 그러나 실제로 여러 개의 돌연변이 암 유전자를 가지고 있는 암은 많지 않으며, 예를 들어 대장암만 하더라도 암 유전자(예를 들어 *ras*) 하나가 활성화되고 암 억제 유전자들(*Apc*, *DCC*, *p53*)이 불활성화되는 것이 훨씬 더 전형적으로 나타난다. 결국, 암 유전자의 활성화는 암 억제 유전자의 불활성화와 함께 암을 만들어 내는 것이다.

융단 폭격

망막모세포종과 마찬가지로 대장암도 가족 간에 유전된다. 미국에서 발생하는 대장암 중 약 1퍼센트는 가족성 폴립으로 알려진 유전 질환에 의한 것인데, 이 질환이 침범한 가정에서는 돌연변이 유전자가 다음 세대로 전달되면서, 대장에 수많은 폴립이 발달하게 된다. 폴립의 수는 수천 개에 이르기도 해서 마치 폴립이 대장 내벽을 융단처럼 덮고 있는 것처럼 보이기도 한다.

양성 종양인 폴립은 국소적인 세포 증식을 수행한다. 각각의 폴립은 비록 확률은 낮지만 악성 종양으로 발달할 가능성을 지니고 있다. 가족성 폴립에 걸린 사람의 경우에는, 폴립의 수가 대단히 많기 때문에 그중 하나가 언젠가는 악성으로 전환되어 생명을 위협하는 대장암으로 돌변할 가능성이 거의 100퍼센트에 가깝다.

폴립에 대한 민감성이 부모에게서 자손으로 전달되는 유전적 특성은 망막모세포종에서 볼 수 있는 패턴과 대단히 유사해서, 여기에서도 암 억제 유전자의 돌연변이형, 즉 결함이 있는 형태가 정자나 난자를 통해 후대로 전달된다. 그리고 이런 유전자를 전달받은 아이는 특정 표적 기관, 즉 대장의 종양에 시달릴 운명에 처한다. 망막모세포종과 마찬가지로 표적 기관의 세포 하나가 어느 시점에선가 암 억제 유전자의 두 사본 중 살아남은 튼튼한 사본을 소실하게 될 것이고 그러면 고삐를 잡을 수 없는 증식이 시작된다.

여기에서 유전되는 돌연변이 유전자는 우리가 이미 마주친

Apc 유전자이다. 앞에서 설명한 산발성 암종에서는 대장암이 다단계로 진행하는 과정의 첫 단계에서 이 유전자의 사본 하나가 불활성화되며, 그 후 다른 *Apc* 유전자 사본 하나는 세포가 암으로 진행하는 과정에서 버려진다.

결함이 있는 *Apc* 유전자 사본을 물려받은 사람들은 이미 이러한 다단계 과정의 첫 걸음을 내디딘 것으로, 모든 대장 세포가 이미 하나의 돌연변이 유전자 사본을 가지고 있기 때문에 다음 단계, 즉 남아 있는 한 개의 온전한 *Apc* 유전자를 제거하는 단계로 곧바로 진행된다. 이런 사람에게는 폴립이 형성되고 최종적으로 암종이 형성되는 과정이 대단히 빨라진다.

가족성 폴립과 가족성 망막모세포종은 산발성 암과 가족성 암에 관한 우리의 인식을 아주 명료하게 해 주었다. 이제 우리는 임신 때부터 미리 결정되는 가족성 암과 살아가면서 마주치는 예측 불가능한 유전적 사고 때문에 일어나는, 더욱 흔한 산발성 암들을 하나로 묶을 수 있게 되었다.

9
DNA 정보의 수호자

제8장에서 접했던 것처럼 성장을 조절하는 두 종류의 유전자, 즉 암 유전자와 암 억제 유전자의 결함은 대장에서 암의 씨앗을 뿌리고 이를 발달시키는 일에 일익을 담당하고 있으며, 이 두 종류의 유전자들의 연합 공격은 다양한 종류의 암의 발달에 필수적이다.(이 사실은 현재까지 방광암과 폐암, 뇌종양 및 유방암에서 확인되었다.) 그리고 이제 앞으로 10년에 걸쳐서 이 원칙은 거의 모든 인체 조직에서 일어나는 암들로 확대될 전망이다. 물론 서로 다른 종류의 암세포들은 특유의 유전자 세트에 돌연변이를 가지고 있을 것이며, 우리는 이미 유방암의 형성에 관여하는 암 억제 유전자와 암 유전자가 대장암에서 나타나는 것과는 상당 부분 다르다는 사실을 알고 있다. 하지

만 어떤 경우에도 공통 주제는 변하지 않는다. 즉 암이 악성으로 성장하는 것은 암 유전자의 활성화와 암 억제 유전자의 불활성화에 의한 것이다.

최근에는 암의 형성에 또 다른 유전자들이 중요한 역할을 한다는 사실이 밝혀졌다. 정상일 경우에 이 유전자들은 세포 증식과 아무런 상관이 없으며, 세포 내에서 다른 일을 수행한다. 이 유전자들은 직접적이든 간접적이든 세포의 DNA를 완전무결하게 유지하는 역할을 한다. 만약 이러한 역할이 수행되지 않으면 세포 유전체 전체에 걸쳐서 수많은 돌연변이가 유전자에 축적될 것이며, 성장을 조절하는 유전자들도 여기에 포함될 것이다. 이렇게 성장을 조절하는 유전자들의 돌연변이율이 빨라지기 때문에, 암이 형성되는 총체적 과정이 빨라지고, 따라서 평생 동안 발생하는 암의 수가 크게 증가하게 된다.

세포의 DNA에 저장되어 있는 유전 정보는 언제라도 변조될 수 있다. 음식물이나 담배 연기를 통해 몸 속으로 들어오는 수많은 발암성 화학 물질들은 결국 세포 속으로 들어가, 그중 상당수는 세포의 DNA 분자를 공격한다. 음식물 속에 있는 돌연변이원의 대부분은 인공적으로 오염된 물질이 아니라 음식물 속에 본래 함유되어 있는 것이다. 에임스는 끓인 커피부터 셀러리 줄기, 콩나물에 이르는 수십 가지의 자연 식품들이 대단히 강력한 돌연변이원을 고농도로 함유하고 있다는 사실을 보고하기도 했다.

게다가 에임스와 다른 연구자들은 세포의 정상적인 에너지 대사를 통해 매일같이 대단히 반응성이 높은 분자들이 수백만 개씩 방출된다고 설명했다. 이런 분자들의 상당수는 산화제나 '자유 라디칼'인데, 자유 라디칼은 짝이 없어 반응성이 높은 전자를 지니고 있다. 주위 환경에서 나오는 돌연변이원과 마찬가지로 이런 세포 자체에서 생성된 분자들도 세포 내의 다양한 분자들을 화학적으로 변형시킬 수 있으며, 여기에는 DNA도 포함된다. 결국, 여기서도 DNA에 포함된 정보가 영향을 받을 수 있다.

이렇게 반응성이 높은 분자들의 대부분은 세포가 공격을 막기 위해 유지하고 있는 방어 분자들의 정교한 그물에 걸려 차단되고 중화되는데, 이러한 분자 중에는 비타민 C와 같은 자연산 항산화제가 포함된다. 또한 세포는 다양한 효소를 생산해서 해로운 분자들이 유전적 폭동을 일으키기 전에 이들을 중화시키고 해독시킨다.

어떤 사람은 이런 해독 효소들을 고농도로 만들어 내지만, 어떤 사람은 그보다 훨씬 낮은 수준으로 만들어 낸다. 그리고 이러한 유전적 차이 때문에, 우리는 세포가 다양한 발암 물질의 공격을 막아 낼 때 이 효소들이 담당하는 역할을 이해할 수 있게 되었다. 그렇다면 방어 효소가 적은 사람은 방어 효소가 많은 사람보다 암에 더 잘 걸릴 것인가?

실제로 대단히 충격적인 차이가 발견되었다. NAT(아세틸 전이 효소)라는 효소를 적게 만드는 흡연자는 NAT가 많은 흡연자에 비해 방광암에 걸릴 확률이 2.5배나 높다. 그리고 두 번째 해독 효소인 GSTM1(글루타티온-S-전이 효소)가 적으면 폐암에 걸릴 확률이 3배나 높아진다. 이런 발견들은 우리가 언젠가는 담배 소비량과 해독 효소의 양에 이용해 흡연자가 암에 걸릴 위험률을 계산해 낼 수 있으리라는 사실을 보여 준다.

어떤 돌연변이원은 복잡한 방어 장치들을 성공적으로 뚫고 들어간다. 불활성화 과정을 피한 돌연변이원은 세포의 염색체에 들어 있는 DNA와 반응해서 DNA를 손상시키며, 모든 인간 세포는 이러한 돌연변이원의 속사포 같은 공격을 하루에 수천 번도 넘게 받지만 저녁때 뒤돌아보면 DNA는 별로 다친 곳 없이 전쟁터에서 돌아온다. 이러한 괴리는 앞으로 설명이 필요한 부분이다.

또한 세포가 DNA를 복제하는 메커니즘을 자세히 살펴봐도 이와 비슷한 괴리를 발견할 수 있다. 세포가 세포 분열을 위해 DNA를 복제하는 과정에는 오류가 발생할 여지가 많다. DNA를 복제하는 효소인 DNA 중합 효소가 막 DNA를 복제한 후에는 새로 만들어진 DNA 염기 1,000개당 하나씩 오류가 발생하며, 이러한 오류는 중합 효소의 실수에 의한 것이다. 하지만 실제로 DNA에 돌연변이가 축적되는 비율은 이보다 훨씬 낮다. 어떤 이유에서인지는 모르지만 복제 과정에서 일어난 초기의 오류 중 대부분은 DNA에 남아 있지 않는다.

실제 돌연변이 수는 놀랄 만큼 적었으며, 세포가 DNA 복제의 전 과정을 마칠 때에는 오류가 DNA 염기 100만 개당 하나에도 미치지 못하는 것으로 나타났다. 이렇게 낮은 돌연변이율은 DNA에서 잘못 복제된 염기를 찾아내어 제거하도록 고안된 정리 장치가 대단히 효율적이라는 사실을 강력하게 입증해 주는 것이다. 제거된 염기들은 후에 짝이 맞는 새로운 염기들로 대체된다. 이것과 유사한 장치가 화학적 돌연변이원의 공격을 받아 변형된 DNA 염기들을 감지하고 제거하는 역할을 하는데, 이렇게 유전 정보를 복원하는 과정을 'DNA 복구'라고 한다.

따라서 세포의 유전 정보 데이터베이스가 반석처럼 견고하다는 생각은 신기루일 뿐이며, 우리 유전체의 불변성은 유전적 혼돈을 막기 위해 항상 경계를 늦추지 않는 복구 장치가 고층 빌딩 사이로 외줄을 타는 것과 같은 끊임없는 투쟁을 통해 이루어 낸 결과인 것이다.

이런 역학 관계가 허물어지면 직접적인 결과로 암이 형성된다. 만약 DNA 복구 과정이 실패한다면 세포의 DNA에 변형된 염기들이 수없이 축적될 것이며, 결국 적어도 다음과 같은 세 가지 개별적인 과정을 통해 돌연변이가 축적되는 비율이 증가하게 될 것이다. 첫째, 외부 또는 내부 기원의 돌연변이에 의한 DNA 손상. 둘째, DNA 복제 과정 중에 일어나는 오류. 셋째, 돌연변이원이나 잘못된 복제를 통해 만들어진 손상을 제거할 책임이 있는 DNA 복구 장치의 결함. 돌연변이는 암을 진행시키는 원동력이므로 이 세 과정은 모두 암의 발생에 어떤 방식으로든 관여할 가능성이 높다.

우리는 이제 몇 가지 종류의 가족성 암이 DNA 복구 장치의 유전적 결함에 의해 유발된다는 사실을 알고 있다. DNA 장치는 여러 단백질의 거대한 집합으로 구성되어 있는데, 그중 일부는 손상된 DNA 조각을 인식하는 일을 맡고, 일부는 손상된 조각을 제거하는 일을, 나머지는 제거된 조각을 새로운 조각으로 대체해서 올바른 염기 서열을 복원하는 역할을 한다. 이러한 단백질의 구조에 관한 정보를 담고 있는 유전자 중 하나에 결함이 생기면 암 형성 과정이 대단히 빠른 속도로 촉진되기도 한다.

여기에 해당하는 극적인 예를 가족성 폴립보다 4~5배나 더 흔한 유전성 대장암의 한 형태에서 발견할 수 있다. 유전성 비폴립성 대장암(HNPCC, hereditary non-nolyposis colon cancer) 환자들은 중요한 DNA 복구 단백질과 관련된 네 개의 특정 유전자 중 하나에 결함이 있는데, 이 네 가지 단백질은 DNA 복제 과정 중에 발생하는 오류를 복구하는 일을 담당하는 체계의 필수 구성 요소이다. 앞에서 말한 바와 같이 세포가 DNA를 복제할 때마다 수많은 복제 오류들이 신속하게 제거되고 잘못된 염기들이 올바른 염기들로 대체된다. 하지만 유전성 비폴립성 대장암 환자들의 세포에는 복제 오류의 상당수가 교정되지 않은 채 남아 있으며, 그 오류는 다시 세포 분열 후에 딸세포에게 돌연변이로 전달된다. 결국 많은 성장과 분열 주기를 거치면서 유전성 비폴립성 대장암 환자의 세포에는 빠른 속도로 돌연변이가 축적된다.

유전성 비폴립성 대장암 환자의 경우, 인체의 모든 세포가

DNA 복구의 결함 때문에 고통받고 있는 듯이 보이지만, 암의 위험률이 크게 증대된 곳은 주로 자궁의 내막과 위장관(胃腸管)이다. 그리고 이보다는 정도가 약하지만 난소와 방광도 영향을 받는다. 이렇게 특정 장소에만 암이 나타나는 이유는 아직 분명하지 않다.

유전성 비폴립성 대장암은 산발성, 비가족성 암에서 나타나는 것과 대단히 유사한 돌연변이 암 유전자와 암 억제 유전자를 지니고 있으며, 중요한 차이점은 이러한 돌연변이 유전자들이 나타나는 속도이다. 유전성 비폴립성 대장암 환자의 대장 세포에는 이런 유전자들의 돌연변이율을 억제해 줄 든든한 DNA 복구 장치가 없기 때문에, 결국 암이 발달하는 속도는 전반적으로 훨씬 빨라진다.

DNA 복구 효소 중에서도 자외선에 의한 손상을 전문적으로 인식하는 효소들이 있다. 태양이나 일광욕 램프에서 나오는 짧은 파장의 자외선은 DNA 분자를 공격해서 DNA 가닥에 인접한 염기들을 서로 융합시켜 이상한 모양의 이중 염기를 만들기 때문에 피부 세포에 커다란 손상을 입힌다. 이렇게 염기가 융합되면 나중에 복제할 때 오류가 일어나고, 따라서 돌연변이가 축적되어 결국 피부에 기저세포암이나 편평상피세포암, 흑색종이 생길 수 있다. 기저세포암이나 편평상피세포암은 치료가 가능하지만, 흑색종은 흔히 잘 치료되지 않는다.

최근에 피부암의 발병 빈도는 계속 증가하고 있어서, 흑색종은 지난 20년간 해마다 4퍼센트씩 증가했다. 이렇게 피부암이 증가하는 이유는 지난 30~40년간 일광욕이 크게 증가했기 때문으로, 인공 일광욕이 이러한 경향을 가속화하고 있다. DNA 복구 장치가 최선을 다하더라도, 자의든 사고를 통해서든 간에 자외선을 많이, 반복해서 쪼이는 사람들에게는 돌연변이 피부 세포들이 많이 축적된다.

색소성 건피증(xeroderma pigmentosum)이라는 희귀 질환은 자외선에 의한 DNA 손상을 복구하는 열 개 정도의 유전자 중 하나에 선천성 결함이 있어서 나타나는데, 이 병에 걸린 사람의 피부는 햇빛에 대단히 민감하며 피부암이 생기는 경우가 많다. 색소성 건피증 환자의 생존 여부는 햇빛을 직접 쏘이는 것을 피하고 정기 검진을 통해 악성의 가능성이 있는 피부 세포의 성장을 빨리 발견하는 것에 달려 있다.

*ATM*이라고 부르는 DNA 복구 효소에 선천적 결함이 있는 사람들은 이온화 방사선, 즉 엑스선에 극도로 취약하다. 엑스선에 대한 민감성은 DNA 복구 장치의 광범위한 결함을 시사하는 빙산

의 일각에 불과하다. 이런 사람들은 살아가면서 훨씬 빠른 속도로 몸 전체에 돌연변이가 축적된다.

ATM 유전자의 결함은 여러 가지 형태로 영향을 미친다. *ATM* 유전자의 사본 두 개에 모두 결함이 있는 사람은 약 5만 명 중 한 명 꼴로 나타나는데, 모세 혈관 확장성 운동실조(ataxia telangiectasia)에 시달리며, DNA 복구 장치의 결함 때문에 값비싼 대가를 치르게 된다. 이런 사람들은 자세가 불안정하고 혈관이 확장되며, 면역 결핍증과 조로에 시달리고 암의 발병 위험률이 100배나 증가하는 경우가 많다.

또한 최근 연구에 의하면 가족성 유방암, 난소암과 연관된 두 개의 유전자, *BRCA*1과 *BRCA*2 역시 세포의 DNA를 완전무결하게 유지하는 일에 관여하는 것으로 나타나고 있다. 미국에서 발생하는 유방암 중 10퍼센트는 이 유전자들 중 하나에 선천성 결함이 있기 때문에 발생한다. DNA 복구 장치의 다른 선천성 결함과 마찬가지로, 이 두 종류의 돌연변이 유전자들이 특정 장기, 즉 이 경우에는 유방과 난소를 표적으로 삼는 이유는 아직 분명하게 밝혀지지 않다.

DNA 복구 장치의 복잡한 체계는 아직 다 밝혀지지 않았으며 인간에게서 결함이 있는 복구 유전자들의 범위와 발생 빈도 역시 알려지지 않았다. 이 두 가지가 완전히 밝혀진 후에야 우리는 많은 종류의 암에서 DNA 복구 장치의 결함이 차지하는 역할을 이해할 수 있을 것이다.

흡연을 통해 몸 속으로 들어오는 것과 같이 외부에서 들어오는 돌연변이원을 중화하는 효소들의 역할은 이보다 훨씬 더 복잡하다. 이렇게 다양한 효소들이 화학적 공격에서 유전체를 수호하는 일에 기여하는 공헌도와 세포에 그런 효소들이 적정 수준으로 유지되지 않을 때, 우리가 치러야 할 대가를 이해하려면 족히 10년은 지나야 할 것이다.

10
세포의 안내자

돌연변이 유전자에 관한 지식을 통해 우리는 암의 기원을 세포의 중앙 통제실에 해당하는 분자, 즉 DNA에 나타나는 개별적이고 확인 가능한 변화들에서 찾을 수 있었다. 하지만 다른 각도에서 보면 이러한 유전적 발견은 무의미하며 별다른 정보를 주지 못한다고도 할 수 있다. 유전자는 단순히 정보일 뿐이며 수학적 추론에 지나지 않기 때문에, 유전자만을 연구해서는 세포의 실제 삶에 대해 그다지 잘 알 수 없다. 게다가 유전자를 구성하는 DNA 염기 서열은 유전자가 어떻게 작동하는지 알려 주지 않는다. 그래서 암이 발달하면서 이런저런 유전자에 돌연변이가 일어난다는 사실을 알게 되더라도, 그러한 돌연변이 유전자들이 비정상적인 세포 증식을 일으키는 메커니즘은 이해할 수 없는 것이다. 다행스럽게도 분자생물학은 유전자의 기능을 이해하는 데 도움이 되는 유용한 논리적 흐름을 제공해 준다. 유전자는 세포로 하여금 특정 단백질을 만들라는 지시를 내리며, 그 단백질은 유전자의 임무를 수행한다. 단백질은 생화학적 반응을 매개하거나 정교한 물리적 구조를 만들어낸다. 따라서 유전자가 작용하는 방식을 이해하려면, 반드시 단백질이 작용하는 방식을 자세히 알고 있어야 한다.

위와 같은 논리에 따르면, 앞에서 언급한 암 유전자들은 특정 단백질의 구조에 관한 정보를 담고 있다. 지휘하는 유전자의 엄격한 감독을 받아 일단 만들어지고 나면, 암 유전자의 단백질은 앞으로 돌격해서 세포에 여러 가지 변화를 일으킨다. src 암 유전자는 $pp60^{src}$라는 단백질을 만들며, ras 암 유전자는 $p21^{ras}$라는 단백질을 만든다. 암 유전자들의 긴 목록은 각각에 해당되는 암 유전자 단백질의 긴 목록과 평행을 이루며, 암 유전자 단백질을 암 단백질이라고 부르는 경우가 많다. 물론 암 억제 유전자들도 각각에 해당하는 단백질을 통해 세포 증식을 조절한다. 결국 암이라는 질병을 깊이 이해하려면, 이렇게 다양한 단백질들이 작용하는 방식에 관한 상세한 통찰력을 가져야만 한다.

암 단백질과 직접 맞서기 전에 암 단백질을 특정 생물학적 상황 속에 맞추어 보는 일이 필요하며, 특히 정상 형태의 암 단백질이 정상적이고 건강한 세포의 삶에 어떻게 기여하는지 이해해야 한다. 정상 세포의 기능은 암에서 일어나는 분자 수준의 탈선을 연구할 때 필요한 표준이 된다.

어떤 의미에서는 정상 형태의 암 단백질이 수행하는 역할이 너무나 분명해 보인다. 그들은 정상 세포가 성장을 조절하는 일을 도울 것이다. 하지만 불행하게도 이런 설명만으로는 아무것도 할 수가 없으며, 이런 설명은 단지 문제를 돌려 말한 것에 지나지 않으므로 쓸모가 없다. 다음과 같이 질문한다면 좀 더 생산적인 방향이 제시될 수 있을 것이다. 정상 세포는 어떤 방법을 통해서 정확하게 언제 성장하고 언제 성장을 멈춰야 할지를 알 수 있는가?

어떤 순간에서도, 우리 몸 속에 있는 절대 다수의 세포들은 휴지기(休止期)에 있다. 대장의 상피층이나 골수(새로운 혈액 세포를 생산한다.), 피부와 같이 스스로를 끊임없이 새롭게 교체하는 조직에서만, 활동적으로 성장하고 분열하는 세포를 관찰할 수 있다.

조직마다 세포의 증식률이 이렇게 크게 차이가 난다는 사실은 우리에게 앞에서 언급된 질문을 다시 상기시켜 준다. 즉 이러한 세포들은 어떤 방법을 통해서 정확하게 언제 성장해야 할지를 알 수 있을까? 세포 증식의 결과가 현존하는 조직 구조를 유지하는 것이 아니라 완전히 새롭고 복잡한 조직을 창조해 내는 과정인 배아기 발달 과정의 경우에, 이 질문은 훨씬 복잡한 의미를 가진다.

각각의 세포들은 유전자 속에 대단히 정교한 데이터 뱅크를 가지고 있지만, 유전자들은 세포에게 아주 중요한 몇 가지 정보를 제공하지 못한다. 즉 유전자들은 세포에게 그 세포가 인체의 어느 곳에 위치해야 하는지, 그리고 어떻게 그곳에 도달하는지, 인체가 지금 그 세포의 성장을 원하는지 원하지 않는지에 대해서도 말해 줄 수 없다. 유전자들은 단지 세포에게 외부 신호에 어떻게 반응해야 할지를 지시할 뿐이며, 외부 신호란 어딘가 다른 곳, 즉 그 세포와 가깝든 멀든 간에 다른 세포에서 오는 신호를 말한다. 인체 내의 각 세포들은 일군의 다른 세포들을 통해 자신의 위치와 현 위치에 도달하게 된 경로, 해야 할 일에 관한 지시를 받는다. 그리고 이렇게 이웃(가깝든 멀든)들이 제공하는 정보에는 언제 성장해야 하는가에 관한 정보도 포함되어 있다.

다른 방법으로는 복잡한 생명체가 조직될 수 없을 것이다. 세포는 다른 세포들과 일종의 아파트에 함께 거주하면서 조직과 장기,

그리고 최종적으로 완전한 생명체를 형성하게 되며, 이러한 공동체 속에서 각 세포의 행동은 그 세포를 둘러싼 생명체 전체의 필요성에 따라 지시되어야 한다. 따라서 각각의 세포는 생명체 내의 다른 많은 세포들과 긴밀하고 지속적인 접촉을 유지해야 하며, 이러한 접촉을 통해 공동체를 하나로 묶는 조직망이 형성된다. 한 조직 내의 세포들은 물리적으로도 서로 엮여 있지만, 훨씬 더 중요한 것은 이들이 서로 끊임없는 의사 소통을 통해 하나로 엮여 있다는 점이다.

그러므로 정상 조직은 수백만 개의 세포가 끊임없이 의사 소통하면서 각자의 필요에 대한 정보를 주고받는 조직망이다. 그러면 이런 틀을 가지고 악성 조직을 어떻게 이해할 수 있을까? 정상적인 이웃 세포들의 한가운데에 나타나는 악성 세포의 행동을 어떻게 규정할 수 있을까?

암세포는 아나키스트이다. 암세포는 정상 세포와는 달리 그들 주위의 공동체를 염두에 두지 않으며, 오직 자신의 증식에만 관심을 가진다. 암세포는 이기적이고 사회성이 대단히 떨어진다. 그리고 더 중요한 점은 정상 세포와는 달리 그들 주위의 공동체에서 오는 자극 없이도 성장하는 법을 알고 있다는 사실이다.

이제 정상 세포들이 증식을 조절하는 방법에 관한 질문을 좀 더 정확한 용어로 바꿀 수 있게 되었다. 정상 세포는 성장과 분열에 들어가기 전에 외부 자극을 절대적으로 필요로 하는 반면에, 암세포는 스스로 성장을 자극할 수 있는 것처럼 보이며, 따라서 다른 세포의 자극으로부터 독립적이다.

그러면 세포는 어떻게 서로의 성장을 자극할 수 있을까? 일단 이 질문에 관한 해답을 얻으면 암 단백질이 어떻게 세포 간의 정상적인 신호 체계를 뚫고 들어가서 이를 무력화하는지 이해할 수 있을 것이다. 정상 세포에게 이웃 세포들이 죽었으니 성장하고 분열해서 전선의 빈 자리를 채우라고 말해 주는 신호는 무엇일까?

성장의 메신저

이론적으로 보면 성장을 조절하는 정보는 전기 신호나 작은 유기 분자에 의해 세포에서 세포로 전달된다. 그러나 다양한 원인 때문에 진화는 이 문제를 다른 방식으로 해결해 냈다. 모든 복잡한 다세포 생명체에서 이런 정보는 성장 인자라고 부르는 작은 수용성 단백질에 의해 전달된다. 성장 인자 단백질은 한 세포에서 방출된 후, 세포 사이의 공간을 따라 이동하다가 마침내 다른 표적 세포에 도달한다. 그러면 표적 세포는 이에 응답해서 성장 및 분열 프로그램을 가동한다.

어떤 성장 인자들은 인체 내의 한 장소에서 방출되고 혈액을 통해 장거리 여행을 한 후에 올바른 표적 세포에 도달하기도 하지만, 아주 짧은 거리를 두고 작용하는 경우가 더 많으며, 따라서 한 세포에서 방출된 뒤 가까운 이웃에게 작용하는 경우가 많다. 그리고 바로 이런 단거리 신호가 조직 내의 세포 공동체를 하나로 얽어매는 역할을 주로 담당하게 된다.

성장 인자의 합성과 방출은 대단히 엄격한 통제 속에 이루어진다. 만약 성장 인자가 부적절하게 방출된다면, 세포 성장의 결과가 정상 조직의 구조를 크게 왜곡할 수도 있다. 우리는 세포가 언제, 어떻게 성장 인자를 방출해야 할지 결정하는지에 대해서는 잘 알지 못하지만, 그 통제 메커니즘에 관한 통찰력을 제공해 주는 몇 가지 생생한 실례들이 있다.

조직에 상처가 나면 혈전을 형성해 피를 멈추게 하는데, 혈소판은 혈전의 필수 구성 요소로서 피가 나는 장소에 응집함으로써 혈액의 손실을 막는 물리적 장벽을 이룬다. 혈소판들은 이와 동시에 여러 가지 성장 인자(특히 혈소판 유도 성장 인자(PDGF, platelet-derived growth factor))들을 방출하는데, 이 성장 인자들은 근처에 있는 결합 조직 세포의 성장을 자극하고, 결합 조직 세포들은 손상된 조직을 재건하는 선구자로서 상처를 치료한다.

조직이 적절한 산소 공급을 받지 못할 때에도 성장 인자가 방출된다. 산소가 부족한 조직의 세포들은 혈관 내피 세포 성장 인자(VEGF, vascular endothelial growth factor)를 방출하고, 이 성장 인자가 근처에 있는 혈관 구축 전문 세포들을 자극해서, 결과적으로 VEGF가 방출된 곳 근처에서는 작은 모세 혈관들이 산소가 부족한 조직으로 뻗어 들어가기 시작한다. 그리고 곧 그 조직에서 그렇게 애타던 산소를 공급해 주는 모세 혈관들이 광범위한 그물을 형성하게 된다.

살아 있는 조직에서 세포를 떼어 내어 배양해 보면, 성장 인자의 자극이 세포의 삶에서 얼마나 중요한지 확연하게 알 수 있다. 배양액에는 당과 아미노산, 비타민을 비롯해서 모든 세포들이 정상적인 대사 활동을 위해 필요로 하는 영양소가 들어 있다. 하지만 이러한 영양소는 단지 세포를 살아 있는 상태로 유지해 줄 뿐이며, 성장하라는 외부 신호가 없으면, 정상 세포는 언제까지고 성장이나 분열을 하지 않고 배양 접시의 바닥에 눌러앉아 있기만 한다.

영양소만 들어 있는 배양액에 혈청을 넣으면, 그제서야 정상 세포가 증식하기 시작한다. 혈청에는 성장 인자들, 특히 PDGF가 들어 있으며, 표피 성장 인자(EGF, epidermal growth factor)나 인슐린 유사 성장 인자(IGF, insulin-like growth factor)를 비롯한 다른 성장 인자들이 PDGF와 힘을 합쳐 세포의 성장을 유도할 수 있다.

정상 세포의 증식이 외부에서 오는 신호에 절대적으로 의존하고 있다는 사실에는 의문의 여지가 없으며, 정상 세포는 내부 결정에 따라 증식하는 법이 절대로 없다. 사회학적 용어를 빌리자면, 정상 세포는 완전히 '타인 지향적'이며, 따라서 정상 세포의 행동은 주위 세계에 의해 완전히 좌지우지된다.

암세포는 이러한 법칙을 따르지 않는 듯이 보인다. 배양액에 혈청을 첨가하지 않거나 조금만 첨가하더라도 많은 종류의 암세포들이 배양 접시 안에서 성장할 수 있다. 정상 세포는 혈청이 배양액의 5~10퍼센트를 차지할 때에만 제대로 성장하지만, 암세포는 1퍼센트 미만인 경우에도 성장할 수 있다. 이 사실은 암세포가 성장할 때 외부 신호에 훨씬 덜 의존한다는 점을 보여 준다. 암세포들은 내부의 성장-자극 신호에 반응하는 것으로 추정되었는데,

악성 성장에 관한 질문의 해답은 바로 이 추측을 파헤치는 과정에서 얻어졌다.

세포의 안테나

세포에는 세포 주위 공간에 있는 성장 인자를 감지할 수 있는 특별한 분자들이 있으며, 세포의 표면에는 이러한 '수용체'들이 다닥다닥 붙어 있어서 안테나 작용을 한다. 세포는 수용체를 통해 세포외액을 떠다니는 성장 인자를 감지할 수 있으며, 수용체는 성장 인자를 감지하면 그 정보를 세포막을 통해 안쪽으로 전달한다. 이렇게 막을 가로질러 신호가 전달되면, 세포는 수용체가 성장 인자를 감지했다는 사실을 알게 된다.

수용체는 놀라운 구조를 지니고 있다. 수용체는 긴 단백질 고리로 이루어져 있는데, 고리의 한쪽 끝은 세포 바깥쪽의 공간으로 뻗어 있고, 다른 쪽 끝은 세포 안쪽으로 뻗어 있으며, 중간 부분은 세포막 속을 구불구불하게 지나간다. 수용체에서 세포 바깥쪽에 있는 부위는 성장 인자의 존재를 감지하고, 세포 안쪽에 있는 부위는 수용체가 성장 인자를 감지한 후에 생화학적 신호를 세포 안쪽으로 방출하는 역할을 담당한다.

각각의 성장 인자는 고유한 수용체를 가지고 있다. EGF 수용체는 세포 바깥쪽 공간에 있는 EGF를 전문적으로 감지하고 PDGF는 무시한다. 반대로 PDGF 수용체는 PDGF에만 반응하고, EGF나 그 외의 세포가 마주칠 수 있는 수십 종류의 다른 성장 인자들은 감지하지 않는다.

세포외액을 떠도는 성장 인자는 세포 표면에 있는 수용체에 직접 결합하며, 이때 성장 인자가 결합된 수용체 분자의 3차원적인 구조가 변한다. 그러면 그에 대한 반응으로 세포 안쪽으로 뻗어 있는 수용체 부위가 생화학적 신호를 방출해서 세포의 성장을 지시한다. 이런 모든 세부 사항은 악성 성장에 관해 어떤 유용한 정보를 제시해 주는가?

신호 처리 회로

성장해야겠다는 세포의 결정은 오랜 심사숙고의 소산이다. 성장하지 않고 있는 세포는 여러 가지 성장 자극 신호, 특히 성장 인자들이 전해 주는 신호를 받아들이고 처리해야 하며, 그런 신호의 강도와 수가 활동적인 증식 단계로 들어가기에 충분한지 판단해야 한다. 게다가 이웃 세포들이 성장 억제 신호를 방출할 수도 있는데, 이런 신호도 세포 표면의 특수한 수용체를 통해 세포로 전달된다. 억제 신호도 증식 여부를 결정하는 마지막 계산에서 중요하게 고려된다.

이런 의사 결정에는 세포 내의 복잡한 신호 처리 장치가 필요하다. 이 처리 장치를 계전기와 레지스터, 트랜지스터, 축전기 등으로 구성된 전자 회로에 비유할 수 있는데, 각각의 구성 요소는 신호를 받고 처리하고 해석한 뒤에 회로의 다른 요소로 전달하는 논리적 장치이다.

전자 회로의 구성 요소는 이진법적으로 작동한다. 즉 충분한 신호를 받으면 회로의 다른 곳으로 신호를 보내지만, 충분한 신호를 받지 못하면 그냥 잠잠히 있는 것이다. 결국 전자 회로의 반응은 100퍼센트 아니면 0퍼센트가 된다. 그와는 달리 신호 처리 회로는 아날로그 형식으로 작동하기도 한다. 즉 더 많은 신호가 밀려오면 그에 맞추어서 더 큰 신호를 내보낼 수도 있다. 컴퓨터는 단순한 부속으로 이루어져 있지만, 적절하게 배열되기만 하면 엄청난 신호 처리 능력을 가진다.

살아 있는 세포의 내부에 있는 신호 처리 회로의 부속은 실리콘 다이오드나 축전기가 아니라 단백질이며, 각각의 단백질은 전자 회로의 부속과 마찬가지로 복잡한 신호 처리 능력을 지니고 있다. 생화학적 용어를 빌려 보면, '신호 전달(signal transduction)' 능력을 소유하고 있는 이런 단백질들은 신호를 받아서 여과하고 증폭한 뒤 이를 회로의 다른 구성 요소로 전달한다.

이런 회로들은 일렬로 죽 늘어서서 물통을 나르는 것과 유사한 형태로 작동하는 경우가 많다. 맨 위의 단백질이 신호를 옆의 단백질로 전달하면, 전달받은 단백질은 다시 신호를 그 다음 단백질에 전달한다. 생화학자들은 이런 명령 체계를 '신호 캐스케이드(signal cascade)'라고 부른다. 살아 있는 세포에서 신호 캐스케이드의 맨 위에 있는 단백질은 성장 인자 수용체로 성장 인자가 결합하면 수용체들은 세포의 깊숙한 내부까지 연결되는 연쇄 반응에 불을 댕겨서 세포의 심장인 핵으로 신호를 전달한다.

정상의 *ras* 원형 암 유전자가 만들어 내는 단백질은 신호 전달 장치의 좋은 예이다. 이 단백질은 세포의 주변부, 즉 세포막의 안쪽 표면 근처에 자리를 잡고 근처에 있는 성장 인자 수용체에서 신호가 오기를 참을성 있게 기다린다. 성장 인자가 수용체에 제대로 결합하면, 수용체는 세포막을 가로질러 세포 안쪽, 즉 세포질로 신호를 전달하며, 세포질에 위치한 수용체 부위는 중간 매개자를 통해 *ras* 단백질로 성장 자극 신호를 전달한다. 그러면 *ras* 단백질이 활성화되어 신호 캐스케이드에서 한 단계 아래에 있는 단백질로 신호를 전달한다. *ras* 단백질보다 한 단계 아래에 있는 단백질은 *raf* 원형 암 유전자가 만들어 낸 것이다. 정상 *src* 원형 암 유전자가 만드는 단백질도 비슷한 형식으로 작동해서 길고 복잡한 신호 전달 고리 내의 한 연결 부위를 이룬다.

성장 자극 신호는 세포질로 전달된 후에 핵에 도착해서 유전자의 발현을 조절하는 장치들에게 영향을 주며, 특정한 여러 가지 유전자의 발현을 증강시킴으로써, 그전까지는 존재하지 않았거나 소량 존재했던 단백질들을 생산하게 한다. 이렇게 새로 만들어진 단백질들은 세포에 변화를 가져오는 역군으로서 종횡무진 활동하면서, 휴지기에서 활동적인 성장기로 이동하도록 세포를 준비시킨다.

암 연구가들이 신호 캐스케이드의 발견에 일익을 담당하기는 했지만, 신호 캐스케이드에 관한 대부분의 정보는 다른 분야, 특히 단세포 동물인 효모의 성장을 조절하는 유전자들에 관한 연구와 초파리의 눈과 꼬마선충의 생식기의 발달을 조절하는 다른 유전자들에 관한 연구에서 비롯되었다. 이런 일은 암 연구의 역사에서 자주 등장하며, 암과 무관한 듯한 연구를 하던 연구자들 덕택에 전혀 예상치 못했던 곳에서 큰 성과를 얻게 되었다. 인간의 성장 신호 캐스케이드를 밝히는 연구에서도 다른 생물에서 관찰되는 아주 오래된 계보를 지닌 캐스케이드에 관한 연구 결과의 도움을 받았다. 신호 캐스케이드는 모든 동물의 세포에서 대단히 유사한 형태로 나타나며 효모 세포에서도 분명히 인식할 수 있는 형태로 존재하기 때문이다.

우리의 선조들과 초파리의 선조들은 6억 년 이상 서로 다른 길을 걸어왔으며, 인간과 효모의 공통 조상은 아마도 10억 년 이상 전에나 존재했을 것이다. 이 신호 체계는 고대의 선조에서 발달한 후 세포에서 고정되어 바꿀 수 없게 되었고 생존에 필수적이었으며 특히 증식과 분화를 조절하는 능력에 필수적인 요소가 되었다.

연구자들은 신호 메커니즘이 가지고 있는 이런 불변성을 이용해서 지구에서 생명이 조직된 방식에 관한 근본적인 진리를 습득하기 위해 조작하기 힘든 인간 세포의 신호를 연구하기보다는 더 단순한 생명체로 눈을 돌리는 경우가 많다. 다음 장에서 설명하겠지만, 이렇게 오래된 계보를 지닌 신호 처리 회로가 암세포에서는 잘못 작동한다. 사실 암세포에서 나타나는 신호 처리의 변화는 수십억 년 된 주제의 작은 변주곡에 지나지 않는다.

11
질서의 붕괴

<u>지난 10년간 세포의 신호 처리 회로에 관한</u> 세부 조각들을 하나로 끼워 맞추는 작업이 진행되었다. 신호 처리 회로의 회로도는 암을 일으키는 세포 성장 조절 체계의 탈선을 이해하는 열쇠이다. 회로도는 성장 조절의 탈선과 특정한 유전자들의 작용을 서로 연결해 준다. 원형 암 유전자와 암 유전자들은 회로의 청사진을 이루는 구성 요소, 즉 신호 전달 단백질이 된다. 유전적 청사진에 문제가 없으면, 회로는 아무 문제 없이 작동하며 세포는 성장과 휴지(休止)에 관해 항상 올바른 결정을 내리게 되지만, 돌연변이로 인해 청사진이 손상되면 회로의 특정 요소가 제대로 작동하지 못해서 결국 의사 결정 과정 전체가 붕괴된다. 암은 세포 깊숙한 곳에서 정보 처리 과

정에 오류가 생겨 발생하는 질환인 것이다.

우리는 이미 신호 처리 회로가 붕괴된 결과에 대해 논의했는데, 암세포의 성장은 외부의 성장 자극 인자에 대한 정상적인 의존 상태에서의 해방으로서 암 단백질(oncoprotein)은 간단한 속임수를 통해 해방을 쟁취한다. 암 단백질은 정상 세포가 성장 인자와 결합했을 때 발생하는 신호를 흉내내어 신호 처리 회로를 활성화하며, 결국 세포를 속여서 성장 인자를 만난 것으로 착각하게 만든다.

암 단백질은 여러 가지 속임수를 사용한다. 어떤 암 단백질은 암세포로 하여금 주위로 성장 인자를 방출하도록 유도한다. 쓸모없는 일처럼 보일지 모르지만, 성장 인자들은 자신들을 방출한 바로 그 세포의 성장을 자극할 수 있다. 성장 인자의 생산을 독려함으로써 암 유전자와 암 단백질은 세포로 하여금 외부 기원의 성장 인자에 대한 종속에서 벗어나게 만들어, 세포가 끊임없이 스스로의 성장을 자극하도록 만든다. 다양한 암이 상당량의 PDGF와 EGF를 주위 환경으로 방출한다는 사실은 암이 위에 언급한 전략을 사용한다는 증거가 되고 있다.

성장 인자 수용체를 관할하는 유전자도 암 형성에 중요한 역할을 담당한다. 수용체가 오작동하면 세포는 성장 인자가 없더라도 성장 인자 속을 헤엄치고 있다고 생각하게 된다. 그러면 앞에서와 마찬가지로 세포는 끊임없이 성장하게 된다.

수용체는 적어도 두 가지 방식으로 오작동할 수 있다. 성장 인자 수용체에 관한 정보를 담고 있는 원형 암 유전자에 돌연변이가 생기면, 수용체 분자는 새로운 형태와 구조를 가지며, 이렇게 변형된 수용체 분자는 성장 인자를 발견하지 못하더라도 세포 속으로 성장 자극 신호를 끊임없이 봇물처럼 흘려보낼 수 있다. 예를 들어 어떤 유방암 세포들은 EGF가 없더라도 계속해서 신호를 내보내는 잘록한 EGF 수용체를 만들어 낸다.

어떤 암세포에는 수용체 분자가 과도하게 발현되어 있다. 세포 표면에 수용체 분자가 비정상적으로 높은 농도로 존재하면, 수용체 분자들은 응집해서 산발적으로 활성화할 수 있으며, 그럴 경우 세포 증식이 대단히 효율적으로 추진된다. 예를 들어 비정상적인 고농도로 EGF 수용체와 그 사촌뻘 되는 수용체(*erb*B2/*neu*)를 발현하는 유방암 세포는 훨씬 더 공격적으로 성장하며 치료에 반응하지 않는 경우가 많다. EGF 수용체는 아교모세포종(뇌종양)이나 위암에서도 과발현될 수 있으며, 이런 경우에도 마찬가지로 대단히 악성인 성장을 유도한다.

ras 단백질의 오작동은 세포가 외부 성장 인자에 대한 의존성에서 벗어날 수 있는 또 다른 방법이다. 앞에서 설명한 것처럼 정상적인 *ras* 단백질은 세포질에 얌전히 앉아서 성장 인자 수용체의 신호가 오기를 기다리다가 수용체에서 오는 신호를 받으면 신속하게 흥분 상태로 돌입해서 세포 깊숙한 곳으로 자극 신호를 내보낸다. 그러고는 곧 자신을 가라앉히고 휴식 상태로 돌아간다. 이런 자동 차단 체계는 *ras* 단백질 하부의 신호 캐스케이드가 제한된 양의 성장 자극 신호만을 받도록 해 준다.

ras 암 단백질은 정상 *ras* 단백질과 미묘한 차이가 있다. 정상 *ras* 단백질과 마찬가지로 *ras* 암 단백질도 성장 인자 수용체에 의해 활성화되어 하부 신호 캐스케이드의 표적 단백질로 신호를 전달한다. 하지만 정상 *ras* 단백질과는 달리, 암 단백질은 자동으로 차단되지 않고 계속해서 활성 상태를 유지하며 세포를 끊임없는 성장 자극 신호로 범람시킨다.

정상 *myc* 암 유전자가 만드는 단백질은 세포핵 내에 존재하며 핵에서 다른 성장 촉진 유전자의 발현을 유도한다. 세포 외부의 성장 인자가 없으면 세포는 *myc* 단백질을 거의 만들지 않지만, 성장 인자와 마주치면 한 시간 내로 다량의 *myc* 단백질을 쏟아 내기 시작한다. myc 단백질은 세포가 성장에 필수적인 여러 유전자의 정보를 읽게 해 준다.

myc 암 유전자는 다양한 암에서 발견되고 있다. 어떤 암들에서는 myc 암 유전자의 사본 수가 증가함으로써 항구적으로 발현 상태가 증가되어 있다. 정상 세포에는 myc 암 유전자 사본이 두 개밖에 없지만 어떤 종류의 암세포에는 수십 개가 있으며, myc 암 유전자의 사본 수의 증폭으로 말미암아 myc 암 유전자가 정상적인 조절 상태에서 벗어나 계속해서 고농도로 발현되는 것으로 보인다. 어떤 암에서는 myc 암 유전자가 다른 제2의 유전자와 융합되어 있으며, 이 제2의 유전자는 부자연스러운 방식으로 myc 암 유전자의 발현을 조절한다. 두 경우 중 어느 경우이든 간에 myc 암 유전자의 활동은 성장 인자의 자극에 대한 정상적인 의존에서 벗어나게 되며, 그 결과 myc 단백질의 생산이 증가되어 세포는 쉬지 않고 성장하게 된다.

myc 암 유전자의 가까운 사촌뻘인 N-myc 암 유전자는 소아암에서 대단히 큰 역할을 담당한다. 등급이 낮고 상대적으로 양성에 가까운 소아기 신경모세포종(말초 신경계의 암) 세포의 경우에 N-myc 암 유전자의 사본이 보통 두 개이지만, 좀 더 진행된 신경모

세포종에서는 세포당 10개, 20개, 심지어 100개까지 증가한다. 이렇게 유전자 사본이 증가된 것과 종양의 악성 정도와는 직접적인 연관이 있는 듯하다. 게다가 신경모세포종 세포에서 N-myc 암 유전자의 수가 많으면 많을수록 치료에 대한 반응이 좋지 않다.

교신의 붕괴

암 유전자 단백질은 세포가 외부 성장 인자에 반응해 정상적으로 활성화하는 신호 회로를 자극하지만, 정상 단백질과는 달리 신호 회로를 계속해서 활성화하며 외부의 성장 자극 신호가 없더라도 활성화하기 때문에 계속해서 세포를 증식시킨다.

하지만 암 유전자의 기능은 동전의 한쪽 면에 불과하며, 암 억제 유전자도 이와 마찬가지로 암의 형성에서 중요한 역할을 담당한다. 앞에서 논의한 것처럼 암 억제 유전자와 이들이 만들어 내는 단백질은 세포 증식을 막는 제동 장치로 작용하며, 암으로 향하는 다단계 과정 중에 소실된다. 암 억제 유전자의 불활성화는 암 유전자의 활성화와는 정반대의 사건이다.

그러면 암 억제 단백질은 세포 내에서 어떻게 정상적으로 작용할까? 암 억제 유전자의 기능은 암 단백질의 기능과 마찬가지로 아주 단순하게 설명할 수 있다. 세포는 주위 환경에서 두 종류의 성장 조절 신호를 받는데, 하나는 성장을 자극하고 다른 하나는 성장을 억제한다. 세포는 신호 처리 회로를 사용해서 억제 신호에 반응해야 하며, 이때 사용되는 회로는 자극 신호에 반응할 때 사용하는 회로만큼이나 복잡하다. 많은 암 억제 단백질들은 외부의 성장 억제 신호에 반응하게 해 주는 이 회로의 구성 요소이며, 암 억제 단백질이 소실되면 세포는 억제 신호에 적절하게 반응할 수 있는 능력을 상실하기 때문에 주위 환경에서 멈추라는 소리가 아무리 크고 분명하게 메아리쳐도 증식을 계속한다.

여기서도 마찬가지로 유전자 돌연변이로 인해 세포와 주위 환경 간의 교신이 끊기게 된다. 암 억제 유전자의 경우에는 돌연변이가 유전자의 기능을 강화하기보다는 유전자를 불활성화하고 파괴한다. 암 억제 유전자 연구가 아직 걸음마 단계에 있기 때문에 암 억제 단백질의 기능에 대해서는 별로 알려지지 않았지만, 이미 몇 가지 사실이 밝혀졌다. 암 유전자 단백질과 마찬가지로 암 억제 단백질도 세포 표면에서 핵에 이르기까지 여러 곳에서 활동한다. 암 억제 단백질의 기능에 관해 특별히 흥미로운 예를 몇 가지 살펴보자.

세포 표면에는 세포가 성장 억제 신호를 감지하는 일련의 수용체들이 있다. 성장 억제 신호 중 가장 잘 연구된 신호는 TGF-β (transforming growth factor-β)가 운반하는 신호이다. 성장 자극 인자와 마찬가지로, TGF-β는 단백질 사슬로 이루어져 있으며 세포에서 방출되어 세포 사이의 공간을 이동해 표적 세포에 결합하고, 그러면 해당 세포는 이에 반응해 성장을 멈춘다.

다양한 종류의 암세포들이 TGF-β에 의한 성장 억제를 피해 나간다. 정상 세포와는 달리 암세포들은 TGF-β의 존재를 안중에 두지 않는 듯하며, TGF-β에 의해 정상 세포의 성장이 강력하게 억제되는 상황에서도 암세포는 성장을 계속한다.

거의 모든 세포들이 TGF-β의 존재를 감지할 수 있는 특별한 수용체를 표면에 지니고 있는데, 이러한 TGF-β 수용체의 구조는 성장 인자 수용체의 구조와 대단히 유사하다. TGF-β 수용체의 한쪽 끝은 세포 바깥쪽의 공간으로 뻗어 있으며, 그 반대편은 세포막을 구불구불 지나 신호를 발산하는 구조를 세포 안쪽으로 뻗는다.

여러 종류의 암세포들이 정상적으로 발현되는 TGF-β 수용체를 털어내 버린 것처럼 보인다. 예를 들어 망막모세포종 세포들이 어떻게 TGF-β 수용체를 소실했는지는 분명하지 않지만, TGF-β 수용체가 없어지면 세포의 성장에 득이 된다는 점은 분명하다. 적절한 수용체가 없어서 망막모세포종 세포들은 TGF-β에 반응하지 않으며, 따라서 TGF-β가 보내는 정지 신호를 무시하게 된다.

유전성 비폴립성 대장암의 경우에는 TGF-β 수용체가 소실되는 정확한 메커니즘이 밝혀져 있다. 유전성 비폴립성 대장암 환자들은 TGF-β 수용체 유전자에 결함이 있다. 즉 이 환자들의 세포에 있는 DNA 복구 장치가 고장이 나서, TGF-β 수용체 유전자의 DNA 염기 배열이 엉망이 되어, 그 기능을 잃어버리는 것이다. 망막모세포종의 세포와 마찬가지로 이런 대장암 세포도 TGF-β에 의한 억제에 반응하지 않게 되며, 이렇게 억제 신호를 피하는 것은 증식을 위한 기득권 싸움을 위해 다윈의 진화론적 투쟁에 임하는 암세포에게 대단히 유리할 것이다.

NF-1 암 억제 유전자는 세포가 스스로의 성장을 조절하는 방식에 관해 사뭇 다른 설명을 제시한다. 결함이 있는 *NF*-1 유전자를 물려받은 사람들은 신경섬유종에 시달리는데, 신경섬유종은 몸 전체에 걸쳐 수많은 양성 종양으로 나타나며, 이 중 일부는 악성으로 진행하기도 한다. *NF*-1 암 억제 유전자는 *ras* 단백질이 자

극 신호를 보낼 때 사용하는 신호 전달 경로에 작용하는 단백질을 만들어 내며, 따라서 암 억제 단백질이 있기에는 모순되는 듯한 장소에 존재한다. 하지만 *NF*-1 단백질의 기능을 자세히 살펴보면, 그 의문점이 해소되는데, *NF*-1 암 억제 유전자는 바로 *ras* 단백질을 차단하는 역할을 한다.

ras 단백질이 성장 인자 수용체에 의해 흥분 상태에 돌입할 때 *NF*-1 단백질은 *ras* 단백질을 매복 공격해서 *ras* 암 유전자가 성장 자극 신호를 방출하기 전에 불활성화할 수 있다. 즉 신호 전달 경로에 선제 공격을 가해서 세포 성장 자극 신호를 무력화하는 것이다. *NF*-1 단백질이 없으면 너무나 많은 자극 신호가 세포핵 안으로 흘러들어가 마찬가지로 세포 증식이 유도된다.

세포핵 안에서도 다른 일련의 억제 단백질들이 발견되는데, 여기에는 $p16^{INK4}$이나 *Rb*, *p53*, *WT*-1 등의 암 억제 유전자가 만드는 단백질들이 포함된다. 뒤에서 다루겠지만, 앞의 세 가지 단백질은 세포 주기의 제동 장치로 작용하며, *WT*-1 단백질은 아직 확인되지 않은 유전자들의 발현을 조절한다. 다른 암 억제 유전자들이 작동하는 정확한 메커니즘은 아직 분명하지 않다.

암 억제 단백질들도 암 단백질과 마찬가지로 다양한 색깔을 갖고 있다. 암 억제 단백질들은 세포 내의 다양한 위치에서 작용하며 세포 증식을 차단하기 위해 다양한 분자적 메커니즘을 통해 일한다. 그러나 이들은 모두 공통된 주제로 묶을 수 있는데, 즉 암 억제 단백질이 없으면, 세포가 성장 억제 신호에 적절하게 반응할 수 없다는 점이다. 그러면 세포는 멈춰야 할 바로 그 시점에서 증식을 멈추지 않게 된다.

우리는 원형 암 단백질과 암 억제 단백질들이 정상 세포에서 개별적이면서 서로 평행하는 두 개의 신호 회로를 구성하며, 그중 하나는 성장 촉진에, 하나는 성장 억제에 사용된다고 설명하고 싶은 유혹에 빠질 수도 있다. 그러나 이러한 견해는 잘못된 것으로서, 사실 이 두 종류의 단백질은 하나의 공통 회로를 구성하며 이 회로는 플러스 요소와 마이너스 요소를 모두 가지고 있는 것으로 이해할 수 있다. 이 회로 안에서 두 종류의 단백질이 서로 밀고 당기면서 세포가 정상 조직 구조를 구축하고 유지하는 데 필수적인 결정들을 세심하게 조율하고 있는 것이다.

12
불멸

얼핏 보면 통제 불능의 암 유전자와 역량 부족의 암 억제 유전자만으로도 암세포가 마구잡이로 성장하는 이유를 완전히 설명할 수 있을 것도 같다. 돌연변이가 일어나면 이 두 종류의 유전자는 힘을 합쳐서 세포가 조용히 쉬고 있어야 할 시점에서도 세포를 마구잡이로 성장하게 만든다. 대장암 발생 모델은 이런 공조 관계에 관한 좋은 예가 되며, 대장암에는 *ras* 암 유전자와 세 개의 암 억제 유전자에서 돌연변이가 일어나는 경우가 많이 발견된다. 하지만 이 견해는 세포생물학의 중요한 사실 한 가지를 아직 설명하지 못하고 있다. 생체 조직은 세포 증식을 억제하기 위해 두 가지 상이한 방법을 사용한다. 첫 번째 전략은 성장 인자를 고갈시키거나 세포를 성장 억제 신호에 노출하는 것으로, 이런 조건에서 세포는 성장을 멈추고 휴지기에 들어간다. 그러나 조직 내의 정상 질서를 유지하는 데 필수적인 이 전략은, 다양한 원형 암 유전자와 암 억제 유전자에 변화가 일어나면 붕괴되고 만다.

세포의 성장을 억제하는 두 번째 전략은 훨씬 더 극단적이어서, 조직은 세포의 자살을 유도함으로써 세포 수의 증폭을 억제한다. 이렇게 희생양을 제거하는 방법은 세포 군집의 규모를 조절하는 데에서 첫 번째 전략과 마찬가지로 중요한 방법이다.

인체에 존재하는 각 조직 내의 세포들은 다양한 원인에 의해 사형을 선고받는다. 그중 한 가지 조건은 간단한 실험을 통해 증명해 보일 수 있다. 조직에서 분리한 세포를 배양하면, 세포는 정해진 횟수만큼 분열한 뒤 성장을 멈추고, 시들시들해지다가 마침내 죽는, 이른바 세포의 노화 단계를 거친다. 예를 들어 인체 세포들은 배양 접시에서는 보통 하루에 한 번씩 분열하는데, 50~60일 정도 증식한 후에는 성장을 멈춘다. 이렇게 세포에는 무제한적 증식을 막는 방어벽이 있으며, 이것을 '세포 분열의 유한성(cell mortality)'이라고 부른다.

세포 분열의 유한성은 주요한 암 방어 전략의 하나인 것으로 추정된다. 정상 조직은 정상 세포에게 제한된 증식 횟수만 허락함으로써 암이 발달하지 못하게 방어벽을 친다. 예를 들어 암으로 발전할 수 있는 세포들도 제한된 수만큼만 증식을 한 뒤 배정된 횟수를 채우면 성장을 멈추게 된다.

따라서 세포 분열의 유한성은 세포가 암세포로 발전할 때 반드시 뛰어넘어야 할 방어벽으로, 무제한적으로 증식할 능력이 없는 전암(前癌) 세포는 생명을 위협할 만한 상당한 크기의 암으로 발전할 수 없다. 실제로 배양한 암세포는 무한한 증식 능력을 보이는데, 이는 암세포들이 '불멸화'되었음을 시사한다.

최근까지도 세포 분열이 유한하다는 점은 생물학자들에게 불가사의 중 하나였다. 세포는 언제 성장을 멈추고 노화기로 들어갈지를 어떻게 아는 것일까? 세포들은 자신에게 배당된 증식 능력이 다 떨어졌다는 사실을 어떻게 알 수 있을까? 세포는 과거에 대한 기록이나 과거부터 누적된 기억을 지니고 있는 것처럼 보인다. 어떤 기록 장치가 있어서 세포가 세포 분열을 한 번 끝마칠 때마다 이에 관한 정보를 기입하고, 바로 이 정보가 초기 배아 상태에 존재하던 그 조상 세포의 몇 번째 자손인지를 구분해 주는 것이다.

몇 대 자손인지 계산하는 흥미로운 다른 예들도 있다. 중국에서는 자녀들의 이름 첫 글자로 그들이 그 가문의 몇 대 자손인지를 나타낸다. 즉 족보에 기록된 돌림자를 가지고 같은 가계 내에서의 대수 관계를 구분하는 것이다. 우리 조직 내의 세포들은 분명히 이런 돌림자와 유사한 표식을 지니고 있어야 하며, 그래야만 수정된 순간부터 시작되는 한 생명체의 역사 속에서 자신이 차지하는 위치를 알 수 있을 것이다. 이런 표식은 '세대를 알려 주는 시계(generational clock)'를 통해 기록되어야 하며, 특정한 세대 수를 계산해 내는 이 시계는 미리 정해진 한계에 도달하면 마치 자명종처럼 세포에게 언제 성장을 멈추고 노화기에 들어갈지를 말해 준다. 여하간 암세포들은 이 자명종 소리를 무시하는 방법을 배우게 되어 성장과 분열을 끊임없이 반복한다.

세대를 알려 주는 시계가 사용하는 계산 방법에 대해서는 오랫동안 설명할 길이 없었지만, 최근에 수행된 여러 가지 흥미로운 연구들은 마침내 세대를 알려 주는 시계의 분자적 기반을 밝혀 주었다. 이에 따르면, 세포는 세포의 세대를 계산하는 문제를 아주 교묘하고 전혀 예상하지 못했던 방식으로 해결하고 있었다.

이 책에 기술된 다른 많은 발견들과 마찬가지로, 세대 계산 방법에 관한 발견은 암과는 별로 관련이 없어 보이는 연구 분야에서 이루어졌다. 이 발견은 1930년대에 유전학자인 바버라 매클린톡(Barbara McClintock)과 멀러의 관찰을 통해 시작되었는데, 그들은 옥수수와 초파리의 염색체 끝 부분이 염색체가 서로 융합되거나 분해되는 것을 막아 준다는 결론을 얻기에 이르렀다. 멀러는 이러한 염색체 끝 부분을 말단부(telomere)라고 불렀으며, 말단부는 신발끈의 끝이 풀어지는 것을 막기 위해 신발끈의 끝을 특수 처리하는 것과 대동소이한 기능을 수행한다. 인간의 모든 염색체는 직선 구조를 가지고 있으므로, 한 염색체에는 말단부가 두 개 존재한다.

그로부터 거의 40년 후인 1972년에 DNA의 이중 나선 구조의 공동 발견자인 왓슨은 이 이야기에 아주 중요한 정보를 하나 더 추가하게 되었다. 당시는 DNA 복제 과정을 비롯해서 세포 분열에 대해서는 어느 정도 자세하게 알려져 있던 시점이었다. 세포는 분열을 준비할 때마다 각각의 딸세포들이 똑같은 유전 정보를 지참금으로 가져갈 수 있도록 DNA를 복제한다. 앞에서 우리는 DNA의 복제와 교정이 대단히 정확하기 때문에 염기 100만 개당 하나꼴도 안 되는 오류가 나올 뿐이라는 사실을 설명했다. 하지만 왓슨은 이렇게 효율적이고 신뢰도가 높은 유전체 복제에 한 가지 두드러진 예외가 있다는 사실에 주목했다. 즉 DNA 중합 효소가 작용하는 방식 때문에 염색체의 말단부는 결코 적절하게 복제될 수 없으며, 따라서 세포가 DNA를 복제할 때마다 염기 100개 정도의 길이만큼 매번 짧아지는 것이다.

몇 년 후에 연못에서 사는 단세포 원생동물인 짚신벌레를 연구하던 유전학자, 엘리자베스 블랙번(Elizabeth Blackburn)이 말단부의 구조를 발견했다. 말단부는 다른 염색체 부위와 마찬가지로 DNA 이중 나선으로 이루어져 있지만 대단히 특이한 염기 서열 구조를 지니고 있으며, 이 부위에서 똑같은 염기 서열이 수없이 반복되고 있다. 인간의 염색체의 경우, 말단부에서 TTAGGC가 1,000번 이상 반복되고 있다.

이러한 관찰 결과들을 종합해 보면 아주 복잡한 수수께끼가 등장한다. 만약 DNA 복제 장치가 염색체에 필수적인 말단부를 재생할 수 없다면, 짚신벌레와 같은 원생동물은 어떻게 해를 거듭하며 무한히 증식할 수 있을까? 블랙번은 1984년에 그 해답을 얻게 되었다. 짚신벌레의 세포에 있는 텔로머라아제(telomerase)라는 효소가 반복되는 DNA 염기 서열을 추가함으로써 말단부의 끝을 재생시키며, 따라서 일반적인 DNA 복제 장치가 할 수 없는 일을 보조해 주는 것이었다.

1970년대에 서방 과학자들에게는 잘 알려지지 않았던 소련의 유전학자인 올로브니코프(A. M. Olovnikov)가 말단부와 세포 분열의 유한성을 연결하는 독창적인 이론을 제안했다. 올로브니코프는 포유류 내의 정상 세포는 짚신벌레 세포와는 달리 말단부를 재생하지 못한다고 주장했다. 즉 말단부가 재생되지 못하기 때문에 30~40회, 또는 50회 분열한 뒤에는 말단부가 닳아 없어지고 짧아져서 염색체의 끝 부분을 보호하는 능력을 상실한다는 것이다. 이렇게 되면, 결국 염색체들은 서로 끝이 융합되어 유전적 혼돈에 빠지고 세포는 성장을 멈추고 마침내 죽는다는 것이다. 세포는 이러한 말단부의 붕괴를 통해 할당된 횟수만큼 분열을 마쳤다는 경고음을 전해 듣게 된다.

올로브니코프의 가설은 마침내 정당성을 인정받았으며, 1990년대 초에는 인간 세포가 성장과 분열을 계속할수록 말단부가 점차 짧아진다는 사실을 많은 연구소들이 밝혀냈다. 결국 말단부가 충분하지 못하면 세포는 우선 노화기에 접어들었다가 죽음에 이르는 것이다.

하지만 우리 몸의 모든 세포의 말단부가 붕괴하고 그로 인해 염색체 융합이 일어나는 것은 아니다. 적어도 한 종류의 세포는 이런 운명의 굴레에서 벗어나 불멸을 보장받고 있는데, 이것이 바로 생식 세포(정자와 난자)이다. 생식 세포들은 유전자가 계속해서 후대로 전달되는 유전적 안정성을 확보하기 위해 아무런 제약 없이 스스로를 영속시킬 수 있어야 한다. 시간이나 세대에 제한 없이 전달되어야만 수백만 년에 걸쳐 한 종(種)이 지속되는 것이다.

그러면 생식 세포는 어떻게 말단부 붕괴에 의한 위기를 막아낼 수 있을까? 인체의 다른 대부분의 세포와 달리, 생식 세포는 텔로머라아제를 발현하며, 바로 이 효소가 DNA 폴리머라아제에 의한 복제 후에 말단부가 짧아지는 것을 보충해 준다. 난자가 수정된 직후의 초기 배아기에서는 많은 세포들, 사실상 거의 모든 세포가 텔로머라아제를 만들어 내는 것으로 보인다. 그러나 세포가 분화해서 다른 조직으로 이행하는 과정에서 텔로머라아제의 생산은 곧 중단되며, 단지 생식 세포만이 예외에 속한다. 이렇게 텔로머라아제의 생산이 중단되면 세포가 증식할 수 있는 능력이 제한되며 결국 암의 발생에도 강력한 장애물이 된다.

암세포는 텔로머라아제를 부활시킴으로써 이런 멋지고 정교한 계획을 산산조각 낸다. 정상 세포든 악성 세포든 간에 인체 내의 모든 세포는 텔로머라아제를 만들 수 있는 유전 정보를 지니고 있지만, 이 정보는 정상 세포의 경우 대부분 배아기 발달 단계를 거치면서 억제된다. 그 방법은 아직 잘 알려지지 않았지만, 암세포는 DNA 속에 감추어진 텔로머라아제 정보에 접근해서 텔로머라아제를 다시 만들어 낸다.

텔로머라아제 유전자는 인체 내의 대부분 정상 세포에게는 금지된 선악과이지만, 일단 이 유전자의 닫힌 문을 열면, 암세포들은 염색체의 말단부를 무한정 재생하고 유지할 수 있기 때문에 무한정 증식할 수 있는 능력을 보장받는다. 이제 그렇게 되면 암세포의 증식을 가로막는 단 하나의 장애물만이 남는데, 그 장애물이란 계속해서 증식하는 암세포를 암환자의 몸이 얼마만큼 견디어 낼 수 있는가 하는 것이다.

어떤 암에서는 정상 세포가 여러 단계를 거쳐 암세포로 진행하는 과정 중 전암 세포들이 배당된 횟수만큼 분열한 뒤인 발암 후기에 텔로머라아제의 활성이 나타나는데, 이 세포들에서 나타나는 텔로머라아제의 활성은 이 효소의 핵심 구성 요소를 만드는 유전자의 발현 증가에 의한 것이다. 현재 진행되고 있는 연구는, 정상 세포에서는 이 유전자의 작동이 어떻게 정지되며 암세포에서는 어떻게 발현되는지에 초점을 맞추고 있다.

앞에서 우리는 암 유전자의 활성화와 암 억제 유전자의 불활성화가 한 세포의 외교 관계, 즉 세포가 주위 환경과 상호 작용하는 방식에 얼마나 심오한 변화를 일으키는지 살펴보았다. 텔로머라아제의 부활은 이와는 완전히 다른 종류의 변화를 반영하고 있으며, 이 변화는 전적으로 내무부 소관에 해당되는 변화로 세포가 내장된 안전 장치를 잘못 건드리는 바람에 이를 해제한 결과로 나타나는 것이다.

텔로머라아제 유전자는 1997년에 클로닝되었으며, 새로운 항암 치료제 개발에 관심 있는 사람들을 흥분의 도가니에 빠뜨렸다. 효과적인 항암제를 만들려는 시도는 정상 세포와 암세포 간의 유사성 때문에 계속해서 좌절되어 왔다. 정상 세포와 암세포 간의 유전적 차이가 상당 부분 밝혀지기는 했지만, 이러한 돌연변이들은 극소량의 유전체(0.01퍼센트 이하)에 영향을 미칠 뿐이며, 정상 세포와 암세포의 절대 다수의 유전자에는 아무런 차이가 없다. 유전적 레퍼토리가 유사해서 전체 모양이나 행동, 생화학적 조성도 비슷할 수밖에 없는 것이다.

이런 유사성 때문에 실험적으로 암세포를 죽이는 데 사용하는 거의 모든 약물들이 암세포의 친척뻘 되는 정상 세포에도 당혹스러운 결과를 초래한다. 결과적으로 이런 약물은 선택적이지 못하다. 즉 정상 세포를 보존하면서 암세포를 표적으로 삼아 제거하는 능력이 부족하다. 현재 임상적으로 사용하기 위해 개발하고 있는 항암제 중에서 예비 시험을 통과하는 약물은 극소수에 지나지 않는데, 이는 정상 조직에 대한 해로운 효과 때문이다.

하지만 텔로머라아제는 이런 일반 법칙에 보기 드문 예외에 해당되며, 따라서 암세포의 아킬레스건이라고 할 만한다. 텔로머라아제는 암세포의 성장에 필수적이지만, 대부분의 성숙한 정상 세포는 이 효소를 가지고 있지 않으며, 따라서 존속하는 데 텔로머라아제가 필요하지 않다는 사실이 분명해진다. 그러면 항암제 개발의 확실한 전략을 세울 수 있다. 세포 내의 다른 수많은 효소들은 건드리지 않으면서 텔로머라아제만 공격해서 방해하는 약물을 개발한다면, 이 정교한 약물은 암세포의 진군을 막되 정상 세포에는 거의 아무런 영향도 미치지 않을 것이다.

물론 옥에도 티는 있다. 어떤 종류의 정상 세포—특별히 백혈구—는 특정 조건에서 텔로머라아제를 발현하는 것으로 밝혀졌다. 이 사실은, 이런 세포들이 성장하기 위해 텔로머라아제가 필요하며, 따라서 텔로머라아제를 겨냥한 약물이 특정한 종류의 정상 세포에도 영향을 미쳐서 바람직하지 못한 결과를 보일 수도 있다는 점을 시사한다. 하지만 그런 점을 고려하더라도 텔로머라아제를 겨냥한 약물의 개발은 여전히 매력적이다. 그런 약물을 만들 수 있는지 여부를 알기까지는 앞으로 10여 년이 소요될 것이며, 그런 약물을 만들더라도 이 약물이 암의 치료에 효과적인지 그 여부를 증명하기까지는 다시 10여 년을 더 기다려야 할 것이다.

13
세포의 안락사

세대를 알려 주는 시계는 인체가 세포의 수를 억제하는 한 가지 수단이지만, 인체 내에는 세포 증식을 제한하는 강력한 전략이 적어도 한 가지 더 있다. 인체 내의 조직은 여분의 세포나 결함이 있는 세포의 자살을 유도할 수 있는데, 암세포는 당연히 이러한 자폭 장치를 무력화하는 방법을 습득해야만 한다. 자살 프로그램은 인체가 악성으로 치닫는 세포를 격퇴하기 위해 사용하는 또 하나의 전략이다. 발생학자들은 오래전부터 생명체가 조직에서 세포들을 선택적으로 제거할 수 있는 능력을 갖고 있음을 분명하게 인식하고 있었다. 우리는 가장 극적인 예를 손의 발달 과정에서 찾아볼 수 있다. 손의 발달 초기에는 뻗어 나온 조직이 물갈퀴처럼 손가락을 서로 연결하고 있지만, 나중에는 손가락 사이의 세포들이 대부분 죽고 손가락의 바닥 부분에만 물갈퀴의 흔적이 조금 남을 뿐이다. 손말고도 배아에서는 우리가 볼 수 없는 수많은 장소에서 때로는 대규모로 세포들이 제거된다. 예를 들어 뇌에서는 다른 신경 세포와 제대로 연결되지 못한 배아기 신경 세포들이 대규모로 희생된다.

이렇게 원하지 않는 세포를 제거하는 관습은 고대부터 전해 내려오는 것이며, 여러 가지 면에서 우리의 6억 년 전 선조들과 유사한 원시 동물에게서도 분명하게 나타난다. 예쁜꼬마선충(*Caenorhabditis elegans*)이라는 작은 벌레는 난자가 수정된 후에 반복적인 세포 분열을 통해 총 1,090개의 세포를 형성하며, 그중 정확하게 131개의 세포는 예측된 장소에서 배아 발달의 정확한 일정에 따라 죽는다.

최근까지만 해도 대부분의 생물학자는 이 131개의 세포가 천천히 붕괴되거나 노화에 의해서, 아니면 영양소 부족이나 중요 기관의 손상 때문에 죽는 것으로 간주했으며, 그렇게 천천히 죽는 것은 특정 독소에 의해 괴사(necrosis)가 일어나는 것과 유사하다고 생각했다. 괴사가 일어날 때면 세포는 부풀어 오르고 내부 기관들이 분해되면서 결국 터진다.

우리는 이제 많은 세포들이 완전히 다른 경로를 통해 죽음에 이른다는 사실을 알고 있다. 이런 세포들은 빠르고 확실한 정해진 방법을 써서 능동적으로 자살하는데, 이 자살은 내장된 자살 프로그램에 의해 진행된다. 세포 자살(programmed cell death)이라는 개념을 발견한 사람의 하나인 앤드루 와일리(Andrew Wyllie)는 이런 죽음을 아포토시스(apoptosis)라고 명명했다. 이 용어는 나무에서 낙엽이 떨어지는 모습을 묘사하는 그리스 어에서 유래한다. 일단 자살 프로그램이 시작되면, 세포는 죽어서 분해되며 세포의 잔해는 한 시간 내에 사라진다.

자살 프로그램은 인체 내의 모든 세포에 공통으로 존재하는 조절 회로에 연결되어 있는 듯한데, 이는 마치 인공 위성 발사 장치에 설치하는 자가 파괴 장치와 같은 원리이다. 발사된 인공 위성이 잘못된 궤도로 접어들면 지상 통제실은 로켓의 자가 파괴 장치를 작동시킨다. 마찬가지로 그릇된 길로 접어든 세포나 불필요한 세포는 파괴 대상이 되며, 그 결정은 주위 조직 또는 세포 내부의 조절 회로에서 내린다.

세포가 스스로 죽는 광경은 그다지 아름답지 못하다. 우선 세포핵이 오그라들고 다음은 핵의 바깥쪽 막이 여러 곳에서 함몰된다. 그러면 곧 염색체의 DNA가 작은 조각으로 난도질되고 마지막으로 세포는 산산조각 난 뒤에 이웃에게 신속하게 잡아먹힌다. 세포의 자취는 이제 찾아볼 수도 없다. 마치 그 세포가 전혀 존재하지도 않았던 것 같다.

배아기 발달은 활발한 확장 단계로 여겨지기 때문에 배아기 발달 과정 중에 세포 자살에 의해 세포가 소실되는 경우가 많다는 사실은 직관에 어긋나 보인다. 그리고 잘 고안된 배아라면 더도 말고 덜도 말고 조직 형성에 필요한 세포만 만들어 낼 것이라고 생각할 수도 있다. 하지만 실제로 배아의 발달 과정은 낭비적이며 비효율적이다. 발달하는 배아 내의 수많은 장소에서 최종적으로 발달할 장기나 조직에서 사용되는 것보다 훨씬 많은 세포가 세포 분열을 통해 생산된다. 그중 일부 세포는 현재 아무런 쓸모가 없는, 진화론적으로 흔적 기관이 되어 버린 조직을 이루기도 하고, 어떤 세포들은 발달 과정 중에서 적절한 조직 구조를 형성하는 데 실패한 낙오자가 되기도 한다. 세포 자살은 조각가가 사용하는 끌과 같아서, 불필요한 재료를 제거하는 일에 사용된다.

최근 연구에 의하면 인체는 단지 배아기 발달 과정에서뿐만 아니라 평생에 걸쳐 세포 자살을 활용하는 것이 분명하다. 면역계에서는 적절한 항체를 생산하는 능력을 개발하는 데 실패한 많은 세포가 폐기 처분되며, 성숙한 다른 많은 조직들도 세포 자살을 통해 끊임없이 세포를 가위질함으로써 조직의 구조를 유지한다.

포유류의 세포는 다른 상황에서도 세포 자살 프로그램을 사용한다. 다양한 종류의 바이러스에 감염된 세포는 세포 자살 프로그램을 활성화하기 위해 노력하는데, 그 동기는 분명하다. 즉 스스로를 신속하게 희생함으로써 바이러스가 증식할 숙주를 제거하고 결과적으로 바이러스의 성장을 차단하는 것이다. 감염된 세포의 이타적 행동 덕택에 주위의 세포는 이차적인 감염을 피할 수 있으며, 반면에 많은 바이러스들은 세포의 이런 방어 전략을 무력화하기 위해 숙주 세포의 세포 자살 반응을 신속하게 차단하는 전략을 발전시켰다.

세포 자살은 인체에서 명백하게 문제가 있는 세포, 특별히 심각하고 회복 불가능한 DNA 손상을 입은 세포의 운명이기도 하다. 아직 명확하게 밝혀지지는 않은 어떤 경로를 통해 세포는 자신의 유전체에 심각한 문제가 있다는 사실을 감지할 수 있으며, 이때는 손상을 복구하려고 시도하기보다는 자살을 선택하도록 회로가 고안되어 있다.

그렇지만 손상을 별로 받지 않고 건강해 보이는 많은 세포들도 세포 자살을 선고받는다. 조직은, 손상이 많지는 않지만 제거되는 세포를 대체하기 위해 귀중한 자원을 소모하면서 새로운 세포를 만들어야 하며, 따라서 이런 세포들이 자살하는 것은 낭비처럼 보일 수 있다. 하지만 결과적으로 보면 자원을 소모하는 것은 이렇게 손상된, 어쩌면 돌연변이가 일어난 세포가 존속함으로써 야기되는 위험에 비하면 아무것도 아니며, 이런 사실은 인체의 조직 전체에 분포되어 있는 빗나간 세포들을 신속하게 제거함으로써 암을 예방하는 일에서 세포 자살이 차지하는 중요한 역할을 보여 주고 있다.

세포 내부의 성장 조절 회로가 미묘하게나마 변화되어도 자살 프로그램이 가동될 수 있다. 암세포 내에서도 대사의 불균형과 부적절한 성장 신호와 관련해 이러한 불규칙한 변화가 일어날 수 있다. 예를 들어 myc 암 유전자를 정상 세포 내에 주입하면 신호의 불균형이 일어나 많은 세포가 세포 자살 프로그램을 가동하는 것으로 보인다. 이 사실은 어떤 우연한 돌연변이에 의해 myc 암 유전자를 획득한 대부분의 세포들이 세포 자살을 통해 신속하게 제거될 것이라는 사실을 시사한다. 물론 그중 일부는 어떤 전략을 통해서든 거의 피할 수 없어 보이는 자살 프로그램에서 용하게도 빠져 나가기도 한다. 사실 모든 세포는 세포 내에서 암 유전자가 활성화되면 자살하도록 회로가 연결되어 있는 듯하며, 실제로 인체는 모든 세포에 이런 회로를 설치해 놓았다. 이 경보 장치는 초기 단계의 암세포를 신속하고 확실하게 제거함으로써 종양 형성을 막는다.

우리의 결론은, 암이 되는 과정에 있는 세포는 세포 자살이라는 지뢰밭을 신중하게 지나가야 한다는 것이다. 성장을 촉진하는 암 유전자를 획득했다 하더라도, 여하간 세포 자살은 피해야만 한다. 그리고 때때로 세포 자살을 피하는 일은 제2의 유전자 돌연변이를 통해 달성할 수 있을 것이다. 예를 들어 활성화된 *myc* 암 유전자를 통해 촉발된 세포 자살은 어떤 경우에는 *ras* 암 유전자의 활성화를 통해 차단될 수 있다.

세포 자살을 막는 돌연변이의 역할은 면역계에서 분명해진다. 앞에서 말한 것처럼 적절한 항체를 생산하지 못하는 면역 세포는 세포 자살을 통해 제거된다. 면역계 발달의 핵심인 림프구 중 한 종류는 95퍼센트 정도가 이런 방식으로 폐기 처분되는 것으로 보이며, 여기서 우리는 분명한 결함도 없고 조직에 위협이 되지 않더라도 단순히 비생산적이라는 이유로 세포가 제거된다는 사실을 목격할 수 있다.

림프구에서 자살 프로그램이 전복되면 마찬가지로 암이 생길 수 있다. 림프구는 Bcl-2 암 유전자를 활성화함으로써 세포 자살을 피할 수 있는 능력을 획득하는데, 이 유전자는 자살 프로그램의 작동을 전문적으로 막는 역할을 한다. 따라서 활성화된 Bcl-2 암 유전자를 지닌 림프구 군집은 거의 피할 수 없는 것처럼 보였던 세포 자살의 운명을 벗어났기 때문에 엄청나게 확장된다. 이 세포들은 아직 악성은 아니며 단순히 비정상적으로 많이 축적되었을 뿐이다. 하지만 수십 년 후에 과도하게 성장한 세포 중 일부가 myc 암 유전자를 활성화하는 돌연변이를 비롯한 여러 돌연변이를 얻게 되면, 그때는 림프종을 유발하는 진짜 악성 세포로 발전할 수 있다. 축적되고 있는 증거에 따르면, 다른 종류의 암들도 Bcl-2 암 유전자에 돌연변이를 일으키거나 아니면 과도하게 발현시킴으로써 이 유전자를 활성화해 장기 생존을 확보하고 있다.

어떤 암이든 간에 전암 세포가 마침내 완전한 암을 형성하게 될지의 여부는 다음과 같이 계산기를 두드려 보면 알 수 있다. 생명을 위협하는 암을 형성하기 위해서 세포는 증식 능력을 향상시켜야 하며 동시에 자살 프로그램을 피하는 방법을 찾아야 한다. 어떤 전암 세포는 활성화된 암 유전자를 획득함으로써 증식률을 높이는 데 성공하지만, 세포 자살과 노화의 위협을 극복하지 못할 수 있다. 증식률을 높임으로써 얻을 수 있는 이득은 세포 자살률이 동일하게 또는 그보다 더 높아짐으로써 상쇄될 수 있으며, 결과적으로 세포 군집 전체에는 변화가 없거나 심지어 군집의 규모가 감소할 수도 있다. 결국 세포 자살의 문제가 해결되어야만 세포 군집이 신속하게 확장되면서 맬서스가 걱정했던 기하 급수적인 인구 폭발을 초래할 수 있다.

유전체의 수호자이자 세포 자살의 통수권자

세포 자살로 진입하거나 이를 피하려는 세포의 결정은 여러 가지 중앙 통제관의 영향을 받는데, 그중 $p53$ 암 억제 유전자가 가장 유명하다. 단백질을 통해 작용하는 이 유전자는 삶과 죽음의 조정자이며, 세포의 안녕을 끊임없이 관찰하면서 세포 기관이 손상받거나 탈선하기 시작하면 사형 선고를 내린다. $p53$ 암 억제 유전자의 역할은 세포의 DNA가 손상받은 후에 나타나는 세포 반응에서 가장 분명하게 드러난다.

인간 세포의 유전체는 끊임없이 공격을 받고 있으며, 해로운 화학 물질의 융단 폭격은 물론이고 미덥지 못한 DNA 중합 효소에 의해 잘못 복사되기까지 한다. 이러한 공격을 받아 유전자가 손상되면 세포는 두 가지 방식으로 반응할 수 있다. 즉 앞에서 설명한 복구 장치를 이용해서 손상을 복구하든가 아니면 백기를 들고 내장되어 있는 세포 자살 프로그램을 작동한다. 돌연변이에 의한 손상이 미미하다면 세포는 이를 고치려고 할 것이고, 손상이 심각해서 복구 능력을 벗어날 정도라면 세포는 다른 선택, 즉 세포 자살을 택할 것이다.

정상 세포의 $p53$ 단백질은 세포가 DNA의 손상에 반응하는 과정에 관여하며, 다른 암 억제 단백질과 마찬가지로 제동 장치의 역할을 담당한다. DNA의 손상이 감지되면, 세포 내의 $p53$ 단백질의 농도는 몇 분 내로 신속하게 증가하며, 고농도로 축적된 $p53$ 단백질이 비상 제동 장치로 작용해서 세포가 성장 주기를 계속해서 달리는 것을 신속하게 차단한다.

DNA 손상이 대수롭지 않을 경우에는 성장 주기가 일시적으로 멈추면서 성장 주기를 빠르게 돌던 세포는 잠시 휴식을 취한다. *p53* 단백질이 세포의 성장을 막는 동안, 복구 장치는 손상된 염기 서열을 찾아 수리할 시간을 가진다. 일단 손상이 복구되면 *p53* 단백질은 퇴각하고 세포는 다시 성장을 시작한다.

세포의 이러한 반응 뒤에 숨어 있는 논리는 단순하다. 성장 주기를 잠시 멈추면 세포가 DNA를 복제하는 단계로 들어가지 못하며, *p53* 단백질은 DNA 손상이 성공적으로 복구된 후에야 세포가 DNA 복제 단계로 들어가는 것을 허용할 것이다. 이렇게 하면 복제 효소, 즉 DNA 중합 효소가 손상받은 DNA를 복제하는 일을 방지할 수 있으며, 따라서 문제가 있는 복사본이 돌연변이로 영속되면서 후대의 세포로 전해지는 일을 막을 수 있다.

반면에 DNA 손상이 심각하다면 완전히 다른 반응이 나온다. 전과 마찬가지로 *p53* 단백질이 세포 내에 다량 축적될 것이고, 역시 마찬가지로 세포의 성장 주기는 멈춰 선다. 그러나 이 경우에는 세포의 손상 평가 프로그램이 유전적 파멸의 정도를 가늠한 뒤에 또 다른 반응을 활성화하기로 결정한다. 세포 자살 프로그램이 가동되는 것이다. 그 결과는 신속하고 확실하다. 즉 세포는 한 시간 이내에 죽게 되며, 그와 함께 손상받은 유전자들도 사라진다. 세포 자살을 통해 이렇게 세포를 희생하는 일은 생화학적 자원의 측면에서는 엄청난 손실이지만, 장기적으로 보면 돌연변이로 인해 악성이 될 가능성이 있는 세포를 가지고 있는 것보다는 조직에 훨씬 부담을 덜 주는 선택이다.

초기 암세포에게 돌연변이를 통해 $p53$ 암 억제 유전자를 불활성화하는 일은 대단히 유익하다. 세포가 일단 $p53$ 유전자를 잠재우면, DNA 손상에 반응하는 경로가 마비되어 결국 그 세포와 세포의 후손은 유전체에 상당한 손상을 입더라도 증식을 계속할 수 있다. $p53$ 단백질이 제대로 기능을 하지 않는 세포는 전진을 계속하면서 손상된 DNA를 복사한 뒤 이를 새로 만들어지는 유전체 복사본에 끼워 넣는다. 그렇게 해서 만들어진 돌연변이 유전체는 이제 후대 세포에게 전달된다.

$p53$ 암 억제 유전자가 더 이상 경계를 서지 않으면, 원형 암 유전자를 활성화하고 암 억제 유전자를 불활성화하는 돌연변이 과정에 엄청난 가속이 붙는다. 바로 이 단계가 암 형성의 속도를 제한하던 단계이기 때문에 여기에서 고삐가 풀리면 암세포 군집의 진화 역시 큰 탄력을 받는다. 물론 완전 무장한 악성 종양이 출현하는 시점도 앞당겨질 것이다. 간단히 말하면, $p53$ 암 억제 유전

자를 잃는다는 것은 DNA 복구 장치에 중대한 결함이 있을 때와 마찬가지로 유전체의 안정성에 치명적인 것이다.

배양 접시에서 성장하는 정상 세포는 빈도도 낮고 거의 예측 가능한 형태로 과잉 유전자 사본을 축적한다. 하지만 $p53$ 암 억제 유전자가 기능을 하지 못할 때는 과잉 유전자 사본을 축적하는 양상이 1,000배 이상 증강된다. 앞에서 설명했듯이, 이러한 유전자 '증폭'은 myc 또는 erb B, erb B2/neu와 같이 성장을 촉진하는 암 유전자의 사본 수를 늘리는 결과를 초래하며, 이러한 유전자 증폭은 뇌종양과 위암, 유방암, 난소암, 소아기 신경모세포종과 같은 다양한 암의 형성 과정 중에 흔히 나타난다.

거의 모든 종류의 암세포가 불멸화의 경지에 오르는데, $p53$ 암 억제 유전자의 불활성화는 이 과정에도 관여한다. 말단부가 짧아지고 붕괴되는 것이 불멸화를 막는 방어벽이라는 사실을 기억하는가? 일단 말단부가 작은 크기로 줄어들면 조기 경보가 작동해서 세포에게 성장을 멈추고 휴지기, 즉 성장을 하지 않는 상태로 들어가라는 신호를 보낸다. 세포는 짧아진 말단부를 손상받은 DNA라고 인지하는 듯하며, $p53$ 암 억제 유전자는 다른 때와 마찬가지로 이러한 유전적 비상 사태에 반응해 작동하면서 세포의 성장을 차단한다. 이러한 세포는 오랫동안 정적인 상태를 유지하며 따라서 휴지기 세포라고 한다.

$p53$ 암 억제 유전자가 없는 세포는 말단부가 짧아지더라도 성장을 계속할 수 있다. 이런 세포는 휴지기에서 벗어난 채로 10~20회의 세포 분열을 계속 시도한다. 하지만 세포가 그렇게 분열하는 동안 계속해서 짧아진 말단부가 마침내 피할 수 없을 만큼 작은 크기에 도달하면 두 번째 경보음이 울린다. 그러면 세포들은 이제 대량으로 죽게 되며, 텔로머라아제를 부활시킨 희귀 변종들만이 이 위기에서 벗어나서 말단부를 회복하고 불멸화의 경지에 오른다. $p53$의 불활성화 자체가 불멸 세포를 만드는 것은 아니지만, $p53$의 불활성화는 암세포들이 절대 권력의 반지, 즉 텔로머라아제 부활을 통해 영생을 위한 최후의 노력을 아끼지 않을 장소로 이들을 인도한다.

최근에는 $p53$ 암 억제 유전자의 불활성화의 또 다른 측면이 밝혀졌다. 종양의 중앙부에 있는 암세포는 혈관이 부족해 혈액을 제대로 공급받지 못하며 그래서 산소도 부족하다. 이렇게 산소가 부족하면 성장을 멈추게 되는데, 대부분의 정상 세포는 오랫동안 저산소증에 시달리면 세포 자살에 들어가며 $p53$이 이 반응을 매개하는 것으로 생각된다. 많은 종류의 암세포에서 볼 수 있듯이, $p53$이 돌연변이에 의해 무력해지면 세포는 더 오랫동안 살아남을 수 있어 적절한 혈액과 산소를 공급받아 증식을 신속하게 재개할 수 있는 때가 오기를 기다린다.

세포 내의 $p53$ 단백질의 상태는 암의 치료와 직접적으로 연관되어 있다. 방사선이든 항암제든 간에 암을 치료하는 거의 모든 치료제는 암세포의 DNA를 손상시킴으로써 목적을 달성한다. 항암제는 DNA 염기와 직접 반응해서 염기의 구조를 변화시키거나 DNA 복제를 담당하는 효소의 기능을 저해한다. 엑스선은 이중 나선에 회복 불가능한 손상을 입히는 경우가 많다.

30여 년 동안 지속되어 온 한 가지 가정은 항암 치료제가 심각하고 광범위한 DNA 손상을 유발함으로써 암세포를 죽인다는 것이었다. 과학자들은 이렇게 심각하고 광범위하게 DNA가 손상되면 암세포의 복구 장치가 감당하지 못할 것이라고 생각했다. 그러면 염색체의 DNA가 산산조각 난 암세포는 성장을 멈추고 죽게 될 것이 아닌가?

이제 우리는 항암 치료제가 이와는 상당히 다른 방식으로 작용한다는 사실을 알고 있다. 암세포를 죽이는 데 사용되는 항암제나 엑스선의 양으로는 암세포의 유전체에 그렇게 어마어마한 손상을 입히지 못한다. 이러한 치료는 $p53$을 겨우 활성화하는 정도의 DNA 손상을 일으키며, 활성화된 $p53$이 세포 자살을 유도하는 것이다. 따라서 암 치료는 망치로 암세포를 두들겨 패서 치료하는 것이 아니라 암세포의 조절 장치를 조정해서 암세포를 슬쩍 세포 자살로 밀어 넣는 것이다.

이 사실은 왜 $p53$ 암 억제 유전자가 암 치료에 대한 세포의 반응을 결정하는 핵심적인 요소인지 설명해 준다. 최근에 관찰된 바에 따르면, $p53$의 기능을 소실한 암세포는 그렇지 않은 세포에 비해 치료에 훨씬 반응하지 않으며, 이는 $p53$ 없이는 세포를 쉽게 세포 자살로 끌어들일 수 없기 때문이다. 이 사실은 장차 암 치료에서 상당한 파급 효과를 얻게 될 것이고, 가까운 장래에 환자의 암세포에 존재하는 $p53$ 유전자의 상태를 파악함으로써 치료 전략을 좀 더 정교하게 수립할 수 있을 것이다.

14
바늘 없는 시계

모든 세포는 뛰어난 두뇌, 즉 본사에 자리를 잡고 앉아 각 지점에서 오는 정보를 받아서 모든 가능성을 고려한 뒤에 어려운 결정을 내릴 줄 아는 최고 경영자를 필요로 한다. 사실상 세포의 두뇌가 내리는 결정의 범위는 제한되어 있어서, 언제 성장하고 어떤 종류의 세포로 분화하며 언제 죽어야 할지 정도만 결정한다. 개별 세포들이 이런 중요한 결정을 부적절하게 처리하면 인체의 조직을 형성하고 있는 질서 정연한 세포 사회는 무법천지로 변하고, 각 세포는 제멋대로 변덕스러운 행보를 걷게 된다. 세포 내의 최고 경영자가 결정해서 외부로 내보내는 정보는 몇 가지로 국한되어 있지만, 세포가 외부에서 받아들이는 정보는 대단히 복잡해서, 수십 개 이상의 경로를 통해 이러한 정보를 받아들인다. 세포가 받아들이는 외부 신호에는 성장 인자는 물론이고 이웃한 세포와 서로 교환하는 화학 물질, 주위 세포 및 세포를 둘러싸고 있는 단백질성 기질과의 물리적 접촉 등이 포함된다. 또한 세포 내부에서 계속해서 생성되는 정보도 적지 않은데, 여기에는 세포의 DNA 상태와 세포의 대사 활동에 관한 주기적인 보고 등이 포함된다.

여하간, 이렇게 복잡한 정보 뭉치 속에서 중요한 정보를 추려서 분류한 뒤 가공해야 하며, 처리된 정보는 단일한 최종 결정, 즉 전지전능한 최고 경영자만이 내릴 수 있는 결정으로 응집되어야 한다. 지난 10여 년 동안 이러한 미지의 최고 경영자의 정체가 조금씩 모습을 드러내기 시작했는데, 이것이 바로 세포핵의 심연에서 작동하고 있는 세포 주기 시계(cell cycle clock)이다. 이 시계는 최고 경영자의 책상 뒤에 앉아서 복잡한 정보를 받아들인 뒤에 어려운 결정을 내리고 이를 지시하는 역할을 한다.

세포 주기 시계는 세포의 삶, 즉 세포의 성장과 분열 주기를 조율한다. 세포의 활동적인 성장 주기는 네 개의 개별 단계로 나뉜다. 세포는 DNA를 복제하는 일에 6~8시간을 할애하며(합성기, S phase), 세포 분열 준비에 3~4시간을 사용한다(합성 후기, G2 phase).

그 후에는 유사 분열이라 부르는 복잡한 세포 분열이 시작되는데(유사 분열기, M phase), 이 과정은 한 시간밖에 걸리지 않는다.

세포 분열이 끝난 뒤 새로 만들어진 두 개의 딸세포는 합성 전기(G1 phase) 단계에서 10~12시간 동안 다음 단계인 합성기 때 DNA를 복제하기 위한 준비에 착수한다. 합성 전기 단계의 세포는 흔히 활동적인 성장 주기로 진행하기보다는 성장하지 않는 휴지기(G0 phase) 상태로 며칠, 몇 주는 물론이고 몇 달, 몇 년 동안 머무를 수도 있다. 물론 언제라도 깨어날 수 있으며 적절한 신호만 주어진다면 일장춘몽에 빠져 있는 세포는 벌떡 일어나서 활동적인 성장 주기를 즉각 개시할 것이다. 적절한 신호를 주면, 자고 있던 세포는 몇 시간 내에 성장 주기를 빠른 속도로 다시 돌게 된다.

왕성하게 성장하고 있는 인간 세포는 성장 주기를 하루에 한 번 정도 돌지만, 어떤 경우에는 훨씬 더 빠른 속도로 돌기도 한다. 세포 주기 시계는 세포가 성장 주기를 진행하는 활동을 조절함으로써 세포의 운명을 결정짓는다.

이제 별로 놀랄 일도 아니지만 암세포의 세포 주기 시계는 문제가 있으며, 정상에 비추어 볼 때 대단히 부적절한 결정을 내린다. 즉 신중하게 정보를 처리해서 성장과 휴식 양쪽을 조심스럽게

견주어 보는 것이 아니라 무분별하게 성장 쪽을 택해 버리는 것이다. 사실, 암세포의 시계 바늘은 통제를 벗어나 마구잡이로 돌아간다. 그리고 세포 주기 시계가 세포의 중앙 통제실 역할을 하고 있기 때문에, 세포는 중앙 통제실의 움직임에 반응해서 아무런 제한 없이 성장과 분열을 계속한다.

세포 주기 시계는 세포의 신호 전달 회로 안에 있기 때문에 이 시계의 핵심 역할이 지금은 저평가되고 있지만, 조만간 원형 암 유전자와 암 억제 유전자를 통해 받아들여지고 처리되는 모든 신호가 세포 주기 시계로 통합될 것이다. 사실 세포의 외곽에서 중앙의 핵으로 연결되는 모든 회로가 세포 주기 시계에 연결되어 있으며, 따라서 이 시계를 이해하면 세포의 정상 및 악성 성장을 모두 이해할 수 있다.

시계에는 크고 작은 톱니바퀴들이 내포되어 있다. 세포 내에 존재하는 톱니바퀴들은 물론 단백질로 이루어져 있으며, 세포 주기 시계의 경우에는 두 종류의 단백질, 즉 사이클린(cyclin)과 사이클린 의존성 키나아제(cyclin-dependent kinase)가 이에 해당한다. 사이클린 의존성 키나아제는 다른 키나아제와 마찬가지로 표적 단백질에 인산기를 붙이는 역할을 하는데, 표적 단백질은 인산화가 되면 기능적인 변화가 일어나서 활성이 높아지거나 낮아진다. 키나아제는 수많은 다양한 표적 단백질에 인산기를 붙일 수 있기 때문에, 세포 내의 수많은 처리 과정을 동시에 변화시킬 수 있으며, 사실상 세포 전체에 광범위하고 강력한 신호를 방송하는 역할을 한다.

사이클린 의존성 키나아제는 세포 주기 시계의 핵심적인 부품으로서, 이 키나아제에 붙어서 적절한 표적으로 이끌어 주는 파트너 단백질에 의해 조절된다. 사이클린이 바로 이 효소의 파트너이자 길잡이 역할을 하며, 사이클린이 없는 사이클린 의존성 키나아제는 장님과 같아서 표적 단백질들을 인산화할 수 없다.

사이클린은 세포가 성장 주기의 각 단계를 지날 때마다 왔다가 사라진다. 어떤 종류의 사이클린은 파트너인 사이클린 의존성 키나아제로 하여금 DNA 복제에 중요한 표적 단백질을 인산화하게 하며, 어떤 종류의 사이클린은 세포 분열을 일으키는 표적 단백질을 인산화하는 길잡이가 된다. 이렇게 사이클린과 사이클린 의존성 키나아제의 공조가 없다면, 세포가 하는 대부분의 사업은 문을 닫게 되며 세포는 정지기 상태로 깊은 동면에 빠지게 된다.

세포 주기 시계의 미묘한 움직임이 사이클린이나 그 파트너인 사이클린 의존성 키나아제에서 오는 것은 아니다. 이 두 부속품은 시계의 두뇌와는 무관한 그저 톱니바퀴일 뿐이며, 시계의 미묘한 움직임을 조절하는 것은 바로 이 두 톱니바퀴를 지배하는 조절 장치이다.

정상 세포에서는 세포 분열이 일어난 뒤 DNA 복제가 시작되기 전 몇 시간에 해당되는 합성 전기에 성장을 해야 할지 말아야 할지에 관한 중요한 결정이 대개 내려진다. 바로 이 기간 동안 세포는 성장을 계속할지 아니면 세포 분열과 관련한 모든 선택을 포기하고 활동적인 성장 주기에서 빠져 나와서 분화를 통해 새롭게 변모할지 선택한다. 우리 몸의 대부분의 세포는 이러한 '분열 후'의 분화된 상태에 놓여 있으며, 이런 세포들은 자기 전문 영역의 일만을 수행할 뿐, 성장하거나 분열하지 않는다. 불행하게도 이런 운명은 우리의 뇌세포에도 적용되어 하루에 수백만 개씩 죽어 가는 성인의 뇌세포는 살아남은 주위 세포들이 증식할 수 있는 능력을 소실했기 때문에 결코 대체되지 않는다.

많이 연구되고 있는 여러 종류의 암 억제 단백질은 세포 주기 시계 내부에서 시계의 다양한 부속들의 제동 장치로 작용하면서 미묘한 조절 역할을 담당하고 있다. 예를 들어 망막모세포종 단백질은 합성 전기의 중·후반기를 책임지는 제동 장치 역할을 한다. 사이클린과 사이클린 의존성 키나아제가 적절하게 결합해서 이 단백질을 인산화하지 않는 한, 망막모세포종 단백질은 세포 주기의 진행을 절대로 허용하지 않는다. 망막모세포종 단백질의 인산화가 일어나지 않으면 세포는 합성 전기에서 멈추고 활동적인 성장 주기에서 강제로 퇴출당한다. 망막모세포종 단백질이 없는 암세포는 정상적이고 예의바른 세포처럼 여러 요소를 신중하게 고려한 뒤 성장을 멈추고 진로를 고민하는 것이 아니라 곧바로 DNA 복제 단계(합성기)로 진행한다.

p53 암 억제 단백질도 세포 주기 시계의 한 부분을 담당하고 있다. 앞에서 설명한 바와 같이 *p53*의 농도는 DNA 손상에 반응해 증가하며, 일단 발현이 되면 *p53*은 두 번째 단백질인 *p21*의 합성을 지시한다. 이렇게 만들어진 *p21*은 사이클린과 사이클린 의존성 키나아제 복합체 속에 끼어 들어감으로써 세포 주기 시계를 멈춘다.

다른 암 억제 단백질인 *p15*와 *p16*도 세포 주기 시계를 조절한다. 이 두 단백질은 거의 쌍둥이와 같아서, 둘 다 합성 전기의 중반기에 작용하는 중요한 사이클린 의존성 키나아제 중 하나를 무력화할 수 있다. 따라서 이 두 단백질은 세포가 합성 전기의 중반기 이후로 진행하는 것을 막는다. 강력한 성장 억제 단백질인 TGF-β는 $p15$를 통해 다양한 효과를 행사한다. TGF-β가 세포 표면의 수용체에 결합한다는 사실을 상기해 보자. TGF-β가 결합한 수용체는 세포 내부로 신호를 보내 제동 장치 역할을 하는 $p15$ 단백질을 30배 정도 증가시킨다. 그러면 증가된 $p15$는 중요한 사이클린 의존성 키나아제를 무력화함으로써 시계를 멈춘다.

가족성 흑색종에 시달리는 사람들은 결함이 있는 $p16$ 유전자를 물려받은 경우가 많은데, 특정 상황에서 세포 주기를 차단할 능력이 없어서 $p16$에 결함이 있는 세포는 부적절한 성장을 지속하게 된다. 최근 연구에 의하면, $p16$ 유전자의 소실이나 불활성화가 매우 다양한 종류의 암에서 일정한 역할을 하고 있는 것으로 밝혀졌다. 실제로 몇몇 실험실은 인간에게 나타나는 모든 암의 절반 이상에서 $p16$의 활성이 없다는 사실을 보고하고 있다.

세포 증식을 촉진하는 모든 신호는 결국 세포 주기 시계로 수렴되어야만 한다. 예를 들어 세포 표면에서 성장 인자에 의해 촉발되는 신호는 세포질을 통과하면서 수렴되어 핵에서 세포 주기 시계의 작동에 영향을 미친다. 더욱 중요한 사실은 성장 촉진 신호가 합성 전기의 중요한 구성 요소 중 하나인 사이클린 D를 고농도로 발현시킨다는 점이다. 사이클린 D는 파트너인 사이클린 의존성 키나아제와 함께 세포 주기 시계의 제동 장치로 작용하는 망막모세포종 단백질을 인산화를 통해 불활성화하며, 이제 세포는 성장 주기의 다음 단계로 진행할 수 있게 된다.

앞으로 10여 년 후면 세포 표면을 두드리는 모든 신호가 어떻게 세포 주기 시계의 구성 요소에 영향을 미치는지, 세포 주기 시계가 어떤 방식으로 서로 상반되는 신호를 처리해서 결정을 내리고 명령을 세포 밖으로 전달하는지 자세하게 이해할 수 있을 것이다.

시계 구워삶기

암에 관한 이야기를 시작할 때 우리는 정상 세포를 감염시킨 후 숙주 세포를 암세포로 전환시키는 일련의 종양 바이러스에 대해 설명했다. 이러한 레트로바이러스는 세포의 유전자를 훔쳐 내어 이를 강력한 암 유전자로 재건했기 때문에 암을 유도할 수 있으며, RSV는 이렇게 암을 일으키는 바이러스 중 가장 악명이 높다. RSV의 선조가 닭의 세포에 침입해서 그 세포 내의 *src* 원형 암 유전자를 훔쳐 낸 뒤 훔친 유전자를 암을 일으키는 강력한 도구로 재빨리 재건했다는 사실을 기억하라. *src* 암 유전자에 관한 연구 덕분에 원형 암 유전자들을 발견할 수 있었고, 이는 다시 암의 기원에 관한 연구에 일대 혁명을 일으켰다.

다른 종류의 종양 바이러스도 완전히 다른 전략을 통해 암을 만들어 내는 일에 성공했다. 이 종류의 바이러스는 수백만 년 동안 끈기를 가지고 독자적인 암 유전자를 만드는 일에 힘썼으며, RSV와 같이 즉흥 연주에 강한 음악가들은 RNA에 유전자를 담고 있는 반면, 이 그룹에 속하는 끈기 있는 예술가들은 DNA를 유전 물질로 사용했다.

DNA와 RNA는 모두 유전 정보를 저장할 수 있으며, 구조도 거의 동일하고 둘 다 서로 길게 연결된 염기로 구성되어 있다. DNA는 대단히 안정적이기 때문에 세포가 유전 정보를 저장하는 일에 사용되지만, 수명이 짧은 바이러스는 유전 정보를 장기 보존해야 할 필요성이 크지 않아 일부는 DNA를, 일부는 RNA를 유전 물질로 사용한다.

유전 물질의 종류가 이렇게 양분되어 있기 때문에 바이러스도 두 가지 주요 계로 나뉘며, 이 두 계는 상당히 독립적으로 진화해 왔다. 이 둘은 감염된 세포에서 기생하는 방식이 대단히 다르며, 감염된 세포를 암세포로 전환하는 방식도 완전히 다르다.

다른 모든 바이러스와 마찬가지로 DNA 종양 바이러스의 으뜸가는 목표는 단순하며 고도로 집중되어 있다. 즉 이들은 단지 더 많은 바이러스를 복제하기를 원할 뿐이다. 가끔 바이러스에 감염된 세포가 우연히 암이 되기도 하지만, 암을 일으키는 것은 바이러스가 증식하는 과정에서 우연히 발생된 부산물에 지나지 않는다.

이 목표를 이루려면 DNA 종양 바이러스는 세포에 침입해서 세포의 DNA 복제 장치를 점령한 뒤에 복제 장치가 세포의 DNA가 아닌 바이러스의 DNA 사본을 복제하도록 지령을 내려야 한다. 숙주 세포의 DNA 복제 장치를 사용함으로써, 바이러스는 스스로의 복제 장치를 만들 때 수반되는 어려움과 비용을 절약한다.

하지만 이런 바이러스의 기생 전략에도 어려움은 있다. 인체의 대부분의 세포는 활동적인 성장 주기에서 빠져 나와 휴지기 상태에 있는데다가 이런 휴지기 상태의 세포는 성장과 관련된 모든 장치의 작동을 멈추고 있으며, 여기에는 DNA 복제 장치도 포함되어 있기 때문에 DNA 종양 바이러스에게는 좋은 숙주가 되지 못한다. 따라서 바이러스는 새로 발견한 숙주가 좀 더 우호적인 숙주가 되도록 설득해야 한다.

DNA 종양 바이러스는 이 문제를 대단히 영리한 방법으로 해결한다. 이 바이러스는 숙주 세포에 침입한 뒤, 숙주가 휴지기를 벗어나서 활동적인 성장 주기로 이동하도록 유도한다. 이제 잠에서 깨어난 숙주 세포는 성장과 관련된 장치들을 가동하고 불활성 상태로 잠들어 있던 DNA 복제 장치도 성장 주기에서 사용하고자 한다. 그러나 조금 다른 계획을 가지고 있는 바이러스는 숙주 세포의 DNA 복제 장치를 선취해서 자신의 DNA를 복제하는 일에 사용한다. 복제된 바이러스 DNA는 이제 새로운 바이러스 입자로 포장되어 기생하던 세포를 떠남으로써 하나의 주기를 완성한다. 한편 숙주 세포는 이러한 정교한 책략의 희생양이 된 채 삶을 마감하는 경우가 많다.

이 책략의 열쇠는 DNA 종양 바이러스가 잠자고 있는 세포를 활성화하는 방식에 담겨 있으며, 그중 가장 흥미로운 전략 중 하나는 바로 90퍼센트 이상의 자궁경 암에서 발견되는 인간 유두종 바이러스(HPV, human papilloma virus)가 사용하는 전략이다. 인간 유두종 바이러스와 자궁경 암 사이의 밀접한 관계는 단순한 우연 이상의 의미를 지니고 있다. 자궁경 암에 관한 역학 연구는 오래전부터

이 질환이 전염 가능하다는 사실을 시사했으며, 한 여성이 성관계를 갖는 상대의 수가 많을수록 자궁경 암의 위험률은 높아진다. 의심할 나위 없이 인간 유두종 바이러스는 자궁경 암의 발생에 직접적인 역할을 하고 있다.

인간 유두종 바이러스에는 수십 가지 종류가 있는데, 그중 일부는 피부에 흔히 나타나는 사마귀를 일으킨다. 몇 종류의 인간 유두종 바이러스는 자궁 경부를 덮고 있는 상피층에서 잘 성장하며 만성적으로 수십 년간 인간 유두종 바이러스에 감염된 조직에서 자궁경 암이 나타나곤 한다. 하지만 이 바이러스에 감염된 여성의 절대 다수에서는 결코 자궁경 암이 발생하지 않는다. 따라서 인간 유두종 바이러스가 대부분의 자궁경 암을 촉발시키는 필요 조건이기는 하지만 충분 조건이 되지는 못한다는 점이 분명해진다. 즉 최초의 바이러스 감염 외에 일어날 확률이 대단히 낮은 어떤 사건들이 자궁 경부의 상피 세포에 일어나야만 상피 세포가 암세포로 전환되는 것이다.

인간 유두종 바이러스는 $E7$ 바이러스성 암 유전자를 이용해서 감염된 자궁 경부 상피 세포의 성장을 유도한다. $E7$ 유전자는 망막모세포종 단백질의 작용을 저해함으로써 숙주 세포의 성장 조절 장치를 직접 교란한다. 이렇게 되면 숙주 세포가 세포 주기를 차단하고 결국 성장을 조절하기 위해 사용하는 핵심적인 제동 장치가 무력해지기 때문에 감염된 세포는 이제 속박에서 풀려나서 활동적인 성장 상태로 진입하며, 이런 상태는 바이러스의 성장에 대단히 유리하다.

앞에서 설명한 바와 같이 세포는 바이러스에 감염되면 세포 자살의 길을 걷는 경우가 많다. 세포의 망막모세포종 단백질이 불활성화되는 것 역시 세포 자살을 일으킬 수 있다. 신속하게 일어나는 이런 세포 자살 반응은 인간 유두종 바이러스가 증식할 숙주를 제거하기 때문에 바이러스의 성장 프로그램을 크게 위협한다. 그래서 인간 유두종 바이러스는 두 번째 단백질인 *E6* 단백질을 생산해서 숙주 세포의 *p53* 단백질을 무력화해 세포 자살 반응을 막는다. 망막모세포종 단백질과 *p53* 단백질을 모두 불활성화함으로써 인간 유두종 바이러스는 감염된 세포 내에서 제한 없이 증식할 수 있는 길을 가로막는 주요한 두 가지 장애물을 제거한 셈이다.

다른 DNA 종양 바이러스도 성장을 위한 원정길에서 동일한 해결책에 도달했다. SV40이라 불리는 원숭이 바이러스는 T 항원이라고 하는 단일 암 단백질을 생산하는데, T 항원은 감염된 세포의 *p53* 단백질과 망막모세포종 단백질 모두와 결합해서 이들을 제거한다. 인간 아데노바이러스 중 몇 가지는 이들이 야기하는 다양한 결과 때문에 특별한 관심을 모으고 있다. 아데노바이러스는 자연 숙주인 인간에게서는 상기도 감염을 일으키지만, 자연 숙주가 아닌 햄스터나 쥐에게서는 종양을 일으킨다. 아데노바이러스도 다른 DNA 종양 바이러스와 같이 망막모세포종 단백질과 *p53* 암 억제 단백질을 불활성화하는 암 단백질을 생산하며, 감염된 세포는 성장을 막는 굴레에서 벗어나 바이러스 증식에 더 우호적인 환경을 만든다.

아데노바이러스는 숙주의 세포 자살을 막는 또 다른 특성을 발전시켰으며, 세포의 *Bcl-2* 암 유전자처럼 세포 자살 반응을 막는 능력을 지닌 또 다른 암 유전자를 지니고 있다. 이 추가적인 특성 때문에 숙주 세포의 수명이 충분히 보존될 수 있으며, 따라서 바이러스는 성장과 복제 주기를 완전히 마친 다음에 거대한 무리의 후손을 쏟아 낼 수 있다.

어쩌면 아데노바이러스는 인간 세포 내에서는 증식하고 숙주 세포를 죽이는 일에 너무 능숙한 나머지 암을 일으키지 못하는지도 모르겠다. 아데노바이러스는 설치류에서도 늘상 그렇듯이 감염된 세포의 성장을 유도해 성장과 복제 주기를 시작하지만, 자연 숙주가 아니라서 계속 증식해서 세포를 죽일 수는 없다. 그러면 감염된 설치류의 세포는 그냥 살아남아서 바이러스의 강력한 성장 촉진 유전자를 속에 품은 채 이와 공존한다. 이 사실은 감염된 세포가 나중에 암세포처럼 행동하는 사실을 설명해 준다.

바이러스성 감염은 서구 사회에 나타나는 암 중 일부에만 관련되어 있는 듯이 보인다. 하지만 DNA 종양 바이러스, 특히 SV40이나 아데노바이러스의 성장 주기를 연구하는 과정을 통해 지난 20여 년 동안 과학자들은 모든 종류의 암에서 망가져 있는 듯한 세포 주기 시계의 은밀한 작동을 들여다볼 수 있게 되었다.

15
암의 진화

현재 미국 인구 중 약 40퍼센트는 인생의 어느 시점에선가는 암으로 시달리게 될 것이며, 그중 절반은 치료되겠지만 나머지 절반은 결국 암으로 죽게 될 것이다. 1990년대 중반에만 하더라도 암은 미국에서만 해마다 50만 명 이상의 목숨을 앗아 갔다. 어떤 관점에서 보면 이 사망률은 무시무시하게 높지만, 조금 다른 관점에서 보면 한결 마음을 편하게 해 주기도 한다. 암으로 인한 사망의 3분의 1은 흡연에 의한 것이며, 10분의 1은 주로 식생활, 특히 육류와 동물성 지방이 많은 식습관 때문에 일어나는 결장암, 직장암에 의한 것이다. 따라서 저지방, 저육류 식생활을 하고 흡연을 하지 않는다면 암으로 인한 사망률을 거의 반으로 줄일 수 있으며, 그러면 사망률은 10분의 1 정도가 된다. 또한 일부 역학자들은 저지방식을 비롯해서 신선한 과일과 채소가 풍부한 채식을 할 경우, 위험률을 한층 더 낮출 수 있다고 믿고 있다.

암 연구자에게 10분의 1이라는 사망률은 괄목할 만하게 낮은 것이며, 세포와 관련된 통계를 살펴보면 이런 긍정적인 시각은 한층 더 굳어진다. 70년 또는 그 이상을 사는 동안 인체는 약 10^{16}개의 세포를 생산해 낸다. 그러면 10^{16}개의 개별적인 사건마다 세포는 성장과 분열 주기를 거칠 것이며, 각각의 분열은 재앙을 수반할 가능성을 지니고 있다. 복잡하고 정교한 세포 주기에는 뭔가 일이 틀어질 가능성이 너무나 많다.

이런 모든 사실을 종합해 보면 10분의 1이라는 사망률은 우리에게 대단히 흥미로운 통찰력을 심어 준다. 저지방식, 저육식을 하고 담배를 피지 않는 열 명의 사람들은 모두 10^{17}회의 세포 분열을 경험할 것이고, 암은 열 명 중 단 한 명의 목숨을 앗아 가는 것이다. 10^{17}회의 세포 분열 동안 치명적인 악성 세포가 하나 태어난다는 것이 그렇게 나빠 보이지는 않는다.

이 책 전반에 걸쳐서 우리는 암으로 인한 사망률이 이렇게 낮을 수 있는 여러 가지 이유를 접할 수 있었다. 인체는 암을 형성할 의지가 있는 세포들이 가는 길목에 수많은 장애물을 배치해 두고 있으며, 바로 이 장애물들이 치명적인 악성 세포의 수를 대단히 낮게 억제하는 것이다.

따라서 세포가 진정한 악의 화신이 되려면 이 장애물을 하나씩 넘어서 복잡한 다단계 과정을 뚫고 지나가야만 한다. 다양한 모습으로 나타나는 장애물 중에서 가장 두드러지는 것은 세포의 신호 전달 회로이다. 이 회로는 암 유전자가 활성화되거나 암 억제 유전자가 불활성화된 후 뒤따르는 붕괴를 견디기 위해 영구적으로 설계되어 있으며, 단일 요소의 오작동에 의해 세포 전체가 불안정해지는 것을 견딜 수 있도록 정해져 있다. 따라서 암 유전자 하나가 활성화되거나 암 억제 유전자 하나가 불활성화되더라도 세포의 증식에는 단지 미미한 효과만 미치는 경우도 많다. 이것이 세포가 정상적인 증식 과정을 벗어나기 위해 여러 번의 유전적 변화를 필요로 하는 이유이다.

세포의 신호 전달 회로 외에도 장애물은 많다. 암 유전자가 세포를 암세포로 바꾸는 데 성공하더라도 세포는 세포 자살 프로그램을 작동함으로써 암 유전자의 승리를 역전시킬 수 있다. 만약 갖가지 방법을 다 동원해서 세포 자살을 피했다 하더라도 세포 노화의 위협은 여전히 남아 있다. 정말 드문 경우이긴 하지만 세포가 노화의 위협을 뚫고 지나간 후에 죽음의 운명을 뛰어넘으면 그제서야 그 세포와 후손들의 생명을 위협하는 악의 화신이 될 기회가 주어지는 것이다.

악의 화신이 된 후에도 여전히 다른 장애물이 존재한다. 많은 연구자들은 면역계가 암의 발달을 막는 방어벽을 치고 있다고 믿는다. 예를 들어 백혈구의 일종인 자연 살해 세포(natural killer cell)는 전문적으로 암세포를 인식해서 살해하는 역할을 하는 것으로 보인다. 실험용 접시에 자연 살해 세포와 암세포를 맞닥뜨려 놓으면 암세포가 죽는 것을 분명히 관찰할 수 있지만, 살아 있는 조직에서 자연 살해 세포가 담당하는 역할은 아직 증명되지 않았다. 자연 살해 세포의 강력한 항암 효과는 활발한 연구 분야로 남아 있다.

악성 세포로 가는 여정에 놓인 여러 가지 장애물 때문에 전암 세포는 다단계의 유전적 변화를 거쳐야 한다. 각각의 유전적 변화는 각 장애물을 우회하거나 뛰어넘을 수 있도록 고안되어 있지만, 원형 암 유전자나 암 억제 유전자에 주로 영향을 미치는 각각의 돌연변이는 대단히 드문 사건에 해당한다. 대단히 드문 사건들이 수렴되어야 하기 때문에 암은 거의 언제나 장애물로 둘러싸여 사면

초가 상태에 놓여 있으며 인간의 평균 수명을 고려할 때 발생할 가능성이 높지 않다.

신선한 피에 목마른 암세포

일군의 암세포가 이런 모든 장애물을 뛰어넘었다 해도 다른 장벽이 불쑥 모습을 드러내게 마련이다. 인체의 모든 세포들과 마찬가지로 암을 형성하는 세포도 끊임없이 영양소와 산소를 필요로 한다. 또한 이와 동시에 이산화탄소와 대사에 수반되는 노폐물을 끊임없이 제거해야 한다.

암세포 덩어리가 작으면(지름 1밀리미터 이하) 확산을 통해 영양 공급과 노폐물 제거라는 문제를 해결할 수 있다. 암세포나 암세포 주위의 정상 세포에서 나온 분자들은 이런 짧은 거리를 대단히 효율적으로 확산해 나간다. 하지만 일단 1밀리미터 크기에 도달하면, 한계에 부딪히게 된다. 이제 확산만으로는 더 이상 영양소와 산소를 충분히 공급받을 수 없을뿐더러 노폐물을 신속하게 제거하기도 어렵다. 그러면 곧 암세포들은 굶주리고 스스로가 만들어낸 노폐물 때문에 질식한다. 앞에서 설명한 것처럼 이러한 산소 결핍 상태의 세포는 *p53*에 의한 세포 자살로 죽는 경우도 많다.

산소 결핍과 노폐물에 의한 중독으로 인한 세포의 사망 속도는 세포가 재생산되는 속도에 접근하기 시작하고, 세포 증식이 세포의 죽음으로 상쇄되어 암의 크기는 일정하게 유지된다. 암세포 덩어리는 이러한 정적인 상태로 몇 년 또는 몇십 년 동안 지속될 수 있다.

생명을 위협할 만큼 커지려면 암세포 덩어리는 분열한 뒤 바로 굶어죽고 질식해 죽는 무의미한 순환을 벗어나야만 하며, 그러기 위해서는 대단한 창의력이 필요하다. 바야흐로 암세포는 더 효율적으로 영양분에 접근하고 노폐물을 처리하는 방법을 찾아야 하는 것이다.

암세포의 해결책은 독자적인 혈액 순환 체계를 발전시키는 것이었다. 일군의 암세포가 거의 빈사 상태로 살아남는 동안, 인체의 순환계와 밀접한 연관을 맺고 있는 주위의 정상 세포는 영양분과 산소를 든든하게 공급받는다. 암세포 덩어리와는 달리 정상 조직은 촘촘한 모세 혈관 그물로 연결되어 있으며, 이런 모세 혈관 그물은 대단히 촘촘하기 때문에 조직 내의 모든 세포가 가까운 모세 혈관에 직접 연결되어 있는 경우가 많다. 적혈구가 일렬로 간신히 통과할 만한 크기의 모세 혈관은 인체 전체 조직에 영양분을 공급하고 노폐물을 제거한다.

모세 혈관 자체도 실은 세포로 이루어져 있다. 모세 혈관을 이루는 내피 세포는 모양을 바꾸는 일에 뛰어난 전위 예술가로서, 자기의 몸을 편평하게 편 뒤에 다시 굽혀서 관 모양을 만든다. 그리고 이런 관 모양의 세포를 서로 죽 이으면 모세 혈관이 되는 것이다. 정상 조직 내의 세포들은 내피 세포가 주어진 역할을 유지하도록 힘을 실어 주는 특정 성장 인자를 방출함으로써 모세 혈관을 계속 유지시킨다. 일부 세포가 산소 결핍 상태에 빠지면 이들은 혈관 내피 성장 인자(VEGF, vascular endothelial growth factor)를 방출해서 내피 세포의 증식과 새로운 모세 혈관의 형성을 유도하며, 만약 성장 인자를 방출하지 않는다면 내피 세포는 결코 조직 사이를 뚫고 들어와 촘촘하게 얽혀 있는 혈관 그물을 이루지 않을 것이다.

1밀리미터의 한계를 뛰어넘으려면 암세포 덩어리는 모세 혈관을 중심부까지 끌어들이는 방법을 발명해 내야 한다. 보스턴의 외과 의사인 주다 폴크먼(Judah Folkman)은 지난 20년 동안 암세포의 이런 전략을 연구해 왔다. 일부 암세포는 주위의 정상 세포를 흉내내서 성장 인자를 분비할 능력을 획득하게 되고, 분비된 성장 인자는 주위 조직에서 내피 세포를 끌어와 증식하도록 유도하며, 그러면 모세 혈관이 암세포 덩어리 내부까지 자라 들어간다. 마침내 암세포는 산소와 영양분이 풍부한 혈액에 직접 접근하게 되어, 이제 작은 세포 덩어리는 날개를 단 셈이 된다. 그렇게 오랜 세월 동안 억압당했던 지상 목표인 '증식, 또 증식'이 실현되는 것이다. 암세포의 수는 이제 폭발적으로 증가한다.

암세포가 방출하는 성장 인자는 혈관 생성을 유도하기 때문에 혈관 생성 인자라고 부르는 경우도 많다. 혈관 생성 인자에는 혈관 내피 생성 인자와 염기성 섬유아세포 성장 인자(bFGF, basic fibroblast growth factor)가 포함된다. 결국 일군의 암세포 덩어리가 성공하기 위한 비결은 혈관 생성을 유도할 수 있는 능력에 달려 있다. 이 일군의 암세포가 혈관 생성 인자를 고농도로 만들어 내기 시작하면 몇 달 후 그 암세포들의 후손은 모세 혈관과 촘촘하게 연결되어 있는 암을 형성하게 될 것이며, 이런 암은 공격적으로 성장하여 광범위하게 퍼져 나가는 경우가 많다. 모세 혈관 그물이 제대로 발달하지 못한 암은 훨씬 활동력이 떨어지며, 따라서 훨씬 예후가 좋다. 실제로 일부 내과 의사는 촘촘한 모세 혈관 그물이 있는지 여부를 통해 암의 발달 단계를 결정하고 향후의 경과를 예측하기도 한다.

암세포가 정확하게 어떤 방식으로 혈관 생성을 유도하는 능력을 획득하는지는 아직 분명하지 않다. 아마도 세포 내의 어떤 유전자 돌연변이를 통해 갑자기 혈관 생성 인자가 방출되고, 방출된 혈관 생성 인자가 종양의 장기적 확장을 위한 길을 닦을 것이다.

가지뻗기

지름이 1센티미터 되는 암세포 덩어리에는 10억 개 가까운 세포가 포함되어 있다. 10억이 어마어마한 숫자처럼 보일 수 있지만, 인체 전체의 세포 수가 10억 개의 1만 배 이상이라는 사실을 생각해 보면 10억이 그렇게 대단한 숫자는 아니다. 따라서 이 정도 수치의 암세포는 생명에 그다지 큰 위협이 되지 못하며, 인체의 중요한 기관의 기능을 저해하지 못한다. 치명적인 무기가 되려면 이보다 수치가 훨씬 더 커져야 한다.

암에 걸린 환자의 10퍼센트 미만만이 암이 본래 뿌리를 내린 곳과 동일한 장소에서 성장을 계속한 결과로 인해 죽는다. 대부분의 경우 진정한 살인자는 전이된 암, 즉 본래의 장소를 떠나 인체의 다른 곳에 정착한 암세포들이다. 이렇게 이주한 암세포들 또는 암세포가 뿌려진 곳에서 새롭게 성장한 암이 보통 환자의 죽음을 부른다.

먼 곳에 식민지를 구축하는 과정인 전이는 상상을 초월할 정도로 복잡하다. 우선 본래 만들어진 암세포들이 이들을 둘러싸고 있는 물리적 장벽을 깨고 나와야 한다. 인체 내 암의 대부분을 차지하는 암종의 경우에 이런 물리적 장벽은 더욱 분명해진다. 암종은 상피 세포, 즉 많은 내부 장기의 내강과 피부의 바깥층을 덮고 있는 세포에서 유래한다. 상피 세포 밑에는 상피 세포층을 결합 조직과 순환계에서 분리시키는 '기저막'이라는 단백질 층이 있는데, 종양을 떠나려고 하는 암종 세포가 처음 맞닥뜨리는 장벽이 바로 이 기저막이다.

보통 세포는 결함이 없는 기저막을 뚫고 나갈 수 없기 때문에, 세포가 침입해 들어가려면 우선 기저막을 붕괴시켜야 한다. 침입하는 암세포는 기저막을 형성하는 단백질을 잘라 버리는 효소를 분비함으로써 임무를 완수한다. 일단 기저막이 녹아내리면, 암세포는 기저막 아래의 조직으로 접근할 수 있으며, 그곳에서도 행진에 방해가 되는 물리적 장벽이 되는 세포외 기질을 녹여 버려 침입과 파괴를 계속한다.

암세포의 침입 능력은 단백질을 작은 조각으로 자르는 임무를 띠고 있는 단백질 분해 효소를 분비하는 능력에 달려 있다. 혈관 생성과 마찬가지로 단백질 분해 효소의 분비는 암이 진행되는 다단계 과정의 후기에 얻은 특별한 능력이다. 본래 단백질 분해 효소들은 정상 조직이 형성되고 복구될 때 조직의 구조를 재건하는 복잡한 과정을 수행하기 위해 정상 세포가 사용하는 물질이다. 우리가 예측하는 것처럼 이러한 효소의 방출과 활동은 대단히 엄격한 조절을 받으며 이루어진다. 침입자인 암세포는 이렇게 엄격한 조절을 전복시킨 뒤 단백질 분해 효소를 그릇된 방향으로 사용하는 것이다. 즉 암세포는 주의 깊게 계량된 양을 방출하는 것이 아니라 아예 자기 주위를 단백질 분해 효소로 흠뻑 적셔 버린다.

암조직 내에 존재하는 고농도의 단백질 분해 효소는 병리학 실험실에서 쉽게 확인할 수 있다. 병리학 실험실은 작은 암조직을 가지고 종양의 향후 행동을 예측하기도 한다. 촘촘한 모세 혈관 그물과 마찬가지로, 고농도의 단백질 분해 효소가 있는 것도 암 환자에게 좋은 징조가 아니다. 이는 시행착오를 통해 주위의 조직을 파괴하는 기술을 익혔으며, 그 결과 더 멀리, 더 넓게 퍼져 나갈 가능성이 높은 암세포가 존재할 가능성을 시사해 준다.

기저막을 통한 침입의 첫 번째 단계를 통해 암세포 덩어리는 확장의 가장 작은 발걸음을 내디디게 되는데, 이렇게 기저막까지만 국한된 암을 상피내암이라 부른다. 하지만 이 정도 침입으로는 침입하는 세포를 먼 곳까지 데려다 줄 고속 도로인 혈관 근처에도 다가가기 어렵다. 어떤 암세포는 혈관을 통해 이동하고, 어떤 암세포는 림프관을 통해 이동한다. 어느 쪽이든 간에 각 세포 또는 세포 덩어리는 본래의 암세포 덩어리에서 떨어져 나와서 혈관이나 림프관을 타고 떠돌아다니다가 먼 곳의 식민지에 도착한다.

이런 모험에는 거의 확실하게 죽음이 동반된다. 암세포는 혈관 내를 온통 헤엄쳐 다녀야 하는데다 혈관 내 환경에 익숙하지도 않다. 그러다가 림프관이나 혈관 벽에 붙어서 벽을 이루고 있는 내피 세포 사이를 비집고 들어가서 혈관을 싸고 있는 막을 뚫고 지나간 뒤에 그 밑의 조직에서 은신처를 찾아야 한다. 일단 거기까지 도달한 뒤에도 이런 전구 세포는 여러 가지 면에서 자신이 살았던 곳과 완전히 다른 환경에서 살아남을 방법을 찾아야 한다.

전이성 대장암은 간에, 유방암은 뼈에서 살아남는 방법을 찾는 경우가 많다. 그리고 폐암은 뇌로 전이될 수 있다. 이렇게 새로운 식민지는 정착하는 각각의 세포에게 큰 도전이 되며, 그곳에서 세포들은 익숙하지 않은 성장 인자와 물리적 구조를 직면해야 한다.

이렇게 암의 발달 단계 후기에 이르면 암세포의 유전체는 대단히 불안정해지며, 그러한 불안정성 때문에 같은 암세포군 내에서도 유전적 다양성이 두드러진다. 따라서 돌연변이 유전자의 새로운 조합이 계속해서 만들어지고 시험대에 오른다. 그리고 다윈의 진화론과 마찬가지로 특별한 이점을 가져다 주는 유전자를 지닌 소수의 세포가 경주에서 승리하게 된다. 암의 발달 단계 후기가 되면 암에게 공격성이나 전이 능력을 부여하는 돌연변이 유전자들에게 높은 값이 매겨진다.

극소수의 암세포만이 무작위 돌연변이를 통해 그러한 유전자를 획득할 것이며, 대부분의 세포는 전이를 위한 항해와 정착지에서의 고된 생활을 견디지 못하기 때문에 결국 자살로 귀결된다. 이쯤 되면 원래의 암은 상당한 크기로 자라나서 식민지 개척의 임무를 띤 정찰병을 대규모로 계속해서 파병할 수 있다. 이렇게 겉으로는 불가능해 보이는 임무도 여러 번 시도하다 보면 결국 성공을 거두기 때문에, 몇몇 신대륙을 발견한 암세포는 그곳에서 살아남는다. 곧 이런 전이암은 뿌리를 내린 숙주 조직의 기능을 저해하기 시작하며, 이제 암환자는 죽음의 문턱에 이르게 된다.

아직 이런 모든 과정이 제대로 밝혀진 것은 아니다. 암세포는 림프관이나 혈관을 통해 쓸려 나갈 때 표면에 특정 수용체를 발현하며, 이 분자들은 암세포를 혈관이나 림프관의 벽에 붙들어 매는 역할을 한다. 이렇게 암세포의 닻줄 역할을 하는 수용체는 그 종류가 대단히 다양하며, 각각의 닻줄은 전이암 세포가 먼 곳의 특정 장소에 부착될 수 있도록 돕는다. 이런 닻줄 수용체는 수가 많고 복잡해서 각각의 작용 방식을 이해하기란 쉽지 않다.

암의 전이에 관한 우리의 이해는 아직도 단편적이다. 암세포의 전이 경로를 지시하는 대부분의 원칙은 현재로서는 철새의 비행 경로를 지시하는 원칙만큼이나 미궁에 빠져 있다. 암 연구자에게 암의 전이 과정은 여전히 미지의 세계이며, 대부분 탐험조차 되지 않은 채 그대로 남아 있다.

16
난치병에 종지부를 찍다

20여 년 전 시작된 과학 혁명은 오늘날까지 계속되고 있다. 우리는 암을 일으키는 보이지 않는 힘에 관해 많은 사실을 알게 되었다. 다양한 암의 원인을 알고 있으므로, 이들이 출현하는 것을 예방할 수 있거나 출현했다 하더라도 결국은 완치할 수 있게 될 것이다. 인간의 질병 가운데 가장 복잡한 질병을 해결하기 위해 유전학과 분자생물학의 모든 역량이 동원되었으며, 아직 모든 퍼즐 조각이 제자리를 찾지는 못했다 하더라도 암에 관한 완전무결한 설명의 개요 정도는 분명하게 밝혀져 있다. 암 연구에서도 현대 생물의학 연구의 접근 방법이 진가를 발휘했다. 즉 복잡한 문제를 조각조각 분해해서 단순하고 분석 가능한 요소로 환원한 후, 명료하며 동시에 난

공불락인 진리를 유추해 내는 것이다. 결코 길지 않은 20여 년 동안 우리는 암의 기원에 관한 불꽃 튀는 논쟁의 시기를 지나서 이제는 암의 배후에 숨어 있는 힘에 관해 널리 수용되고 있는 상세한 설명을 도출해 내기에 이르렀다.

과학 혁명이 제공한 가장 중요한 통찰력은 암이 손상받은 유전자에 의한 질환이라는 관점이다. 우리는 이제 용의를 받고 있던 수많은 유전자의 정체——암 유전자와 암 억제 유전자——를 알고 있다. 이 유전자들은 세포의 행동에 영향을 미쳤고, 그 결과로 세포는 암을 만들어 냄으로써 이에 화답했다. 그러나 아직도 암과 관련된 많은 유전자들이 확인되지 않았고, 유전자 클로닝을 통해 분리되지도 않았으며, 당연히 이런 수많은 유전자들이 세포의 행동에 영향을 미치는 방식도 미지수로 남아 있다.

우리는 직접적이든 간접적이든 암세포가 돌연변이 유전자를 만들어 내는 것을 촉진하는 인자를 알고 있다. 암이 출현하기까지 돌연변이가 꼬리에 꼬리를 물고 일어나야 한다는 사실도, 이때 각각의 돌연변이가 세포의 성장을 조절하는 특정 유전자를 교란시킨다는 사실도 알고 있다. 또한 우리는 유전체를 유지하고 복구하는 메커니즘에 결함이 있는 경우에서 볼 수 있는 것처럼 세포 내의 유전체의 견고함을 깨뜨리는 사건들이 암의 출현에 큰 영향을 미친다는 사실도 알고 있다.

성장을 조절하는 다양한 유전자가 발견되면서, 우리는 각 세포 내에 복잡한 의사 결정 회로가 있다는 시각을 갖게 되었다. 생물학자들은 한 세기 이상 세포의 다양한 행동에 관한 목록을 작성해 왔는데, 세포의 행동은 세포 속에 깊이 숨겨져 있으며 현미경으로도 보이지 않는 생명력에 의해 결정되는, 나름대로 논리를 가지고 있는 듯이 보였다. 우리는 이제 그러한 논리를 다양한 자극에 대한 세포의 반응을 결정하는 중요한 신호 처리 단백질의 관점에서 이해할 수 있게 되었으며, 시간이 갈수록 새로운 정보들이 추가되고 있다. 바로 이 신호 처리 회로의 구성, 즉 회로의 연결과 각 구성 요소의 작용이 세포의 행동 방식을 규정하고 있는 것이다.

이 회로에 관한 지식은 암을 이해하려는 사람들이 추구하고 있는 궁극적인 해답을 제공해 줄 것이다. 세포의 깊숙한 곳에 이보다 더 심오하고 미묘한 메커니즘은 없다. 모든 해답이 바로 이 회로 안에 있으며 곧 모든 해답을 얻을 수 있을 것이다. 20년 전만 하더라도 우리는 이에 대해 아무것도 알지 못했다.

암에 관한 연구는 우리를 세포의 심장부인 세포 주기 시계로 데려다 주었으며, 이 시계는 세포 운명의 주재자로서 성장과 분화에 관한 결정권을 소유하고 있다. 아직 세포 주기 시계에 관한 연구는 초기 단계에 머물러 있지만, 우리는 이미 대부분의, 어쩌면 모든 종류의 암에서 이 시계가 손상되어 있다는 사실을 알고 있다. 여기서도 마찬가지로 확실한 해답의 개요는 이미 밝혀져 있지만, 중요한 많은 세부 사항들을 채워 넣어야 한다.

지난 10여 년 동안 밝혀진 많은 유전자들을 통해 잉태된 순간부터 예정된 암(가족성 암)과 일생 동안 일어나는 무작위적인 유전적 사고의 결과로 나타나는 암(산발성 암)과의 연결 고리를 알 수 있게 되었다. 이 두 종류의 암은 일부에서 상상하는 것과는 달리 별개의 질환이 아니며, 동일한 유전자 레퍼토리가 정자가 난자를 뚫고 들어가기 전에 손상을 받았느냐 후에 받았느냐에 따라서 다르게 나타나는 것에 지나지 않는다.

암의 정복은 예방에서

이 책에 설명된 풍부한 지식이 암으로 인한 사망률을 낮추는 가시적인 효과를 거둘 전망은 있는가? 언뜻 생각해도 어떤 질병의 치료법은 그 질병의 원인을 이해함으로써 가장 쉽게 찾을 수 있을 것 같다. 따라서 암과 관련된 유전자와 단백질에 관해 얻은 최근의 지식을 통해 우리는 암 정복에 한층 다가설 수 있어야만 한다. 하지만 암의 궁극적인 원인은 사실 개별 세포의 바깥쪽 먼 곳, 즉 우리의 주위 환경과 우리가 먹는 음식, 호흡하는 오염된 대기에서 시작된다. 따라서 암 발생률을 현저하게 낮추기 위해서는 이러한 암의 궁극적인 뿌리를 본격적으로 생각해 볼 필요가 있다. 유전자와 단백질에 관한 지식은 여기에서 별 도움이 되지 못한다.

지난 두 세기 동안 다른 주요 질병들이 보여 준 선례의 교훈은 분명하다. 즉 개인 위생과 영양, 깨끗한 물, 예방 접종을 통해 사망률이 감소했던 것이다. 이 사실을 암으로 확대해 보면, 암으로 인한 사망률을 크게 낮추는 일에는 마찬가지로 새로운 치료법을 발견하는 것보다 암을 예방하는 편이 더 큰 도움이 될 것이다. 암으로 인한 사망률을 크게 낮추려면 암을 일으키는 특별한 원인들, 특히 식생활과 생활 양식의 특정 요소들을 확인하고 제거해야 하며, 이런 일은 전적으로 역학자의 소관에 속한다. 실제로 우리는 역학 연구를 통해 이미 많은 사실을 배웠으며, 역학자는 문제의 뼈대를 세우고 범위와 넓이, 깊이를 정하는 일을 해 왔다. 또한 이들은 일부 학파에서 널리 통용되던 몇 가지 오해를 깨우쳐 주기도 했는데, 여기에는 공업 사회에서 암이 전염병처럼 범람하는 것은 대부분 대기나 음식물 속의 화학적 오염 물질 때문이라는 믿음도 포함되어 있다.

지난 반세기 동안 환경 오염이 급격하게 심해졌는데도 담배와 연관된 암과 유방암을 제외한 대부분의 암 발생률은 일정하게 유지되어 왔으며, 기껏해야 몇 퍼센트에 지나지 않는 암만이 인간이 만든 환경 요소에 의해 유발된다. 1930년에 미국에서 암으로 인한 연간 사망률이 인구 10만 명당 143명이었지만, 1990년에는 10만 명당 190명으로 증가했다. 이 수치는 인구의 연령 분포의 변화가 보정된 것으로, 앞에서 말한 것처럼 암의 발생률은 나이와 큰 상관 관계를 지니고 있다.

나이를 보정한 암 사망률의 거의 대부분은 담배의 소비와 직접적인 연관이 있다. 1990년대 동안 미국 내 암 사망률의 3분의 1은 담배에 의한 것이었으며, 흡연의 감소는 이미 효과를 거두고 있어서, 1990년에는 한 세기 동안 증가해 오던 남성의 폐암 사망률이 감소세로 돌아섰다. 폐암을 제외한다면 나이를 보정한 암 사망률은 1950~1990년에 14퍼센트 감소한 것으로 나타난다.

유방암으로 인한 사망률은 1960~1990년에 약 10퍼센트 증가했다. 유방암의 발생률은 점점 더 높아질 것으로 보이지만, 발생률의 증가보다 치료율의 증가가 앞서고 있으며, 치료는 주로 외과 수술을 통해 이루어지고 있다. 유방암의 원인은 대단한 논쟁거리가 되고 있다. 현재 가장 설득력을 얻고 있는 견해에 의하면, 유방암의 증가는 현대적 식생활과 출산 태도의 변화에 의해 여성이 일생 동안 경험하는 월경 주기의 수가 증가한 것에 기인한다. 아직 잘 밝혀지지 않은 추가적인 사실로는 일찍 임신했을 경우 유방암 발생률이 낮아진다는 점이다. 일찍 임신하면 유방 조직이 나중에 암을 견딜 수 있는 상태가 되는 것으로 보이며, 아이를 늦게 낳으면 유방암 발생률은 증가한다.

음식물은 모든 암의 거의 절반 정도에서 중요한 역할을 담당하지만 음식물에서 암을 일으키는 요소들은 대부분 확인하기가 어렵다. 서구식 식생활은 중앙 아프리카의 일부 지역에 비해 대장암 발생률을 10~20배 증가시킨다. 대장암의 중요 용의자로는 서구식 식생활에 흔한 육류와 동물성 지방이 꼽히고 있다. 여기에서는 요리 과정도 상당한 역할을 하는 것으로 생각된다. 육류, 특히 붉은 육류 계통은 고온에서 가열할 경우 강력한 발암 물질을 내놓는다. 아시아 지역에서는 식생활과 관련된 암의 발생률이 높다.

일본식 식생활은 미국에 비해 6배나 높은 위암 발생률을 야기하고 있으며, 소금에 절인 음식이나 발효 음식, 훈제 음식이 그 원인으로 지목되고 있다.

식물성 음식은 암을 일으키는 물질과 예방하는 물질을 모두 가지고 있는 양날의 칼과 같다. 채소는 정상적인 대사 과정 중에 만들어지는 산화 물질과 자유 라디칼 같은 중요한 발암 물질을 중화하는 비타민 A, C, E를 제공해 주지만, 어떤 식물성 물질은 암 발생에 적극 기여하기도 한다. 식물은 탐식자인 곤충에게 고약한 맛을 내도록 정교한 화학적 방어 체계를 발전시켜 왔으며, 여기에는 에임스 테스트에서 강력한 돌연변이원으로 등록된 물질들도 있다. 에임스 자신도 경작 중에 합성 살충제를 적게 사용해도 되는 신종 셀러리에 관해 언급한 바 있는데, 이때 곤충에 대한 저항력 증가는 자연 상태의 셀러리에서 발견되는 강력한 돌연변이원이 10배 증가한 것과 관련이 있었다.

다른 모든 식물과 마찬가지로 셀러리에도 갖가지 종류의 발암 물질과 항암 물질이 들어 있으며, 셀러리는 정상적인 식생활에 포함되는 여러 종류의 식물 중 하나에 불과하다. 결국 여러 식물이 각각 지니고 있는 단순하기도 하고 복잡하기도 한 유기 화합물을 우리가 먹는 음식 속에 제공하는 것이다. 우리가 섭취하는 자연 화합물들이 인체 내에서 이루는 여러 복합물 간의 상호 작용 그리고 이들이 대사에 미치는 영향은 측량할 수 없을 만큼 복잡하며, 어떤 자연 식품이 우리를 건강하게 하고 어떤 식품이 우리의 수명을 단축시키는지 확인하려면 수십 년이 걸릴 것이다.

대단히 복잡한 문제인데도 일부 결론은 이미 모습을 드러내기 시작했으며, 담배와 고지방, 고육류 식생활을 피한다면 현재의 암 중 거의 절반을 예방할 수 있는 것으로 보인다. 하지만 나머지 절반은 어떻게 되는 것인가? 암은 의심할 나위 없이 앞으로 수십 세대는 족히 우리 곁을 떠나지 않을 것이며, 이는 가장 건전한 삶을 사는 사람에게도 마찬가지이다. 그러면 우리는 이렇게 예방이 불가능해 보이는 암에 어떻게 대처해야 하는가?

암 치료 유전자와 단백질을 탐색하다

암의 외부적 요인을 모두 확인한 후에도 인간의 행동은 결코 역학자들이 발견한 사실에 딱 들어맞지는 않을 것이다. 더구나 기묘할 정도로 복잡한 인체는 한편으로 암 발생의 불가피성을 말해 주고 있다. 모든 복잡한 기계는 언젠가 고장이 나는 것 아닌가? 시간만 충분하다면 암은 모든 인류에게 나타날 수도 있으며, 바로 이 시점에서 최근에 발견된 유전자와 단백질이 도움이 될 수 있다. 이들은 우리가 피할 수 없는 암에 대처할 있도록 도와줄 것이다.

암의 조기 진단은 점점 더 중요해질 것이다. 암은 초기에 발견해서 제거하면 완치되는 경우가 많지만, 조기 진단에는 두 가지 중요한 문제점이 있다. 우선 암세포 덩어리가 아직 대단히 작을 때 발견해야만 한다. 지름 1센티미터의 종양은 체중의 0.01퍼센트도 되지 않으며, 현재 이렇게 작은 양을 검출할 만큼 민감한 생화학적 진단 방법은 아직 없다.

두 번째로 암 발달의 초기 단계에 있는 암세포는 거의 모든 면에서 정상 세포와 대단히 유사해서, 암세포에 특이적인 표지를 찾는 임무는 막막하기 이를 데 없다. '암 특이적'이라고 여겨졌던 거의 모든 단백질이 나중에는 인체 어디선가 정상 조직에 의해 생산되는 것으로 밝혀지곤 했다.

이렇게 실패도 했지만, 암을 진단하는 가장 매력적인 방법은 암세포에 존재하는 독특한 유전자와 단백질을 확인하는 일에서 시작된다. 돌연변이 암 유전자와 암 억제 유전자, 그리고 해당 단백질을 염두에 두는 것이다. 전체 종양의 약 3분의 1에 존재하는 돌연변이 *ras* 암 유전자는 정상 세포에서는 발견되지 않는 염기 서열을 지니고 있으며, 따라서 이 유전자에서 만들어진 *ras* 단백질도 자연 상태에서는 볼 수 없는 독특한 구조를 지니고 있다.

이 사실을 알게 된 몇몇 연구자들은 대장에서 돌연변이 *ras* 암 유전자를 지니고 있는 세포를 찾고자 시도했는데, 대장암 세포가 정상 대장 세포와 마찬가지로 다량으로, 계속해서 대변으로 배출되기 때문에 이 임무는 훨씬 간단하게 끝낼 수 있었다. 대단히 민감한 DNA 분석 기법을 이용해서 존스 홉킨스 대학의 데이비드 시드란스키(David Sidransky)는 대변 견본의 DNA에서 돌연변이 *ras* 암 유전자를 검출해 냈다. 이런 분석은 이미 다른 방법을 통해 대장암 진단 환자의 견본을 가지고 수행되었다. 따라서 암을 초기에 진단하기 위해서는 기술을 개선해서 민감도를 더욱 높여야 하지만, 이 기법의 장기적인 전망은 분명하다. 즉 악성으로 진행할 대장암을 외과적으로 치료 가능한 초기에 발견할 수 있게 해 주는 것이다.

모든 내강 장기(안쪽에 빈 공간을 가지고 있는 장기를 말한다. — 옮긴이)에서 세포가 안쪽의 공간으로 떨어져 나오기 때문에 결국 동일한 전략을 방광이나 자궁, 폐와 같은 기타 내강 장기의 암에도 적용할 수 있다. 떨어져 나온 방광 세포는 소변에서 찾을 수 있으며, 떨어져 나온 폐 세포는 기관지 위쪽의 점액에서 검출할 수 있다. 대장의 경우, 떨어져 나온 세포를 분석하는 일이 조기 진단과 치료 가능성을 높이고 있다.

가족성 암 역시 암 발생의 상당 부분을 차지하고 있으며, 일부 연구가들은 전체 암의 10퍼센트 정도가 물려받은 유전자에 의한 것이라고 추정하고 있다. 따라서 암에 대해 타고난 취약성을 예측하는 일 역시 암을 조기 진단하는 데에서는 대단히 유용한 방법이 될 것이다.

대장암의 경우 가족성 폴립과 유전성 비폴립성 대장암 증후군이 대장암 전체의 10퍼센트 이상을 차지하고 있으며, 유방암에서도 비슷한 비율이 돌연변이 *BRCA1* 및 *BRCA2* 유전자를 물려받은 것과 관련 있다. 앞으로는 거의 모든 종류의 암 중에서 일정 정도가 알려진 유전자의 돌연변이에 의해 일어난다는 사실이 밝혀질 것이며, 이때 돌연변이 유전자는 주로 암 억제 유전자가 될 것이다.

소량의 조직 견본에서 돌연변이 유전자를 검출하는 기술은 신속하게 진보하고 있으며, 곧 환자의 피 한두 방울을 가지고 환자가 어떤 암에 취약한 돌연변이 유전자를 물려받았는지 쉽게 확인할 수 있게 될 것이다. 특정 암이 비정상적으로 높은 비율로 발생하는 것으로 알려진 가족에게는 이와 유사한 분석 방법을 산전 진단에 이용할 수도 있다. 이 진단 방법을 이용하면 가족 구성원 중에서 누가 고위험군에 속하며 누가 위험을 벗어났는지 알 수 있다. 고위험군에 속한 가족 구성원은 전 생애에 걸쳐 면밀한 주의가 필요할 것이며, 특별히 가족성 폴립이나 유방암과 같이 생명을 위협하는 암일 경우에는, 환자는 악성 종양이 출현하기 전에 해당 장기를 제거하는 수술을 할 수도 있을 것이다.

그렇지만 이렇게 강력한 유전자 기법도 우리를 완전하게 보호해 주지는 못할 것이다. 암에 대해 취약성을 타고났는지, 전 인구를 대상으로 확인하는 일은 경제적으로도 논리적으로도 불가능하며, 산발적으로 발생하는 대부분의 작은 암세포 덩어리들은 예술적인 경지에 오른 진단 기법을 통해 펼쳐 놓은 그물을 교묘하게 빠져 나갈 것이다. 이런 이유 때문에 우리는 크기가 커지고 증상을 일으킨 후에야 진단되는 많은 암과 맞닥뜨릴 수밖에 없을 것이며, 그때는 지금과 마찬가지로 항암 치료의 효율성과 한계가 생사를 결정하게 될 것이다. 지난 10여 년 동안 다양한 종류의 고형암 환자들의 장기 생존율은 비교적 일정하게 유지되어 왔으며, 이를 한층 개선하려면 대단히 진보적이고 새로운 치료법이 개발되어야만 한다.

이 책에서 설명된 기초적인 분자생물학 연구는 이런 점에서 어마어마한 보상을 약속하고 있다. 암세포의 망가진 회로를 이해하는 과정을 통해 연구자들은 새로운 항암제의 매력적인 목표가 될 수많은 유전자와 단백질을 밝혀냈다.

이들을 목표로 하는 새로운 약물 개발의 물결이 이미 시작되어 우리 곁에 왔다. 제약 회사들이 개발하고 있는 화학 물질은 세포가 *ras* 단백질을 생산하는 능력을 차단하는 강력한 효과를 보이고 있으며, 더욱 놀라운 사실은 이런 약물들이 암세포의 성장은 강력하게 저해하지만, 정상 세포에는 비교적 적은 영향만을 미친다는 점이다.(정상 세포도 성장하고 살아남기 위해서는 정상 *ras* 단백질이 필요하다는 사실을 기억하라.)

단일 클론 항체 역시 효과적인 치료제가 될 수 있다. 단일 클론 항체는 쥐에게서 만들어진 항체로서 인체 내의 특정 단백질에만 특이적으로 결합하며, 따라서 목표물을 절대로 놓치지 않는 미사일과 같다. 어떤 단일 클론 항체들은 세포 표면에 있는 수용체(EGF 단백질이나 *erb* B2/*neu* 단백질)에 특이적으로 결합하는데, 이 두 단백질은 유방암 세포의 표면에 비정상적으로 높은 농도로 발현된다.

단일 클론 항체는 두 가지 방식으로 활용될 수 있다. 첫 번째로 방사능 원소를 항체에 결합시킨 뒤 이를 환자에 주사하면 항체는 목표 수용체를 다량으로 발현시키고 있는 암세포를 찾아가서 방사능 물질을 암이 있는 곳에 집중시킬 것이다. 그러면 여기에서 나오는 방사선을 영상 장비를 통해 검출해서 기존의 통상적인 영상 기법으로는 진단할 수 없었던 암을 찾아낼 수 있다. 두 번째로 항체에 독소를 결합시킬 수도 있는데, 이렇게 되면 항체는 독소를 암세포라는 표적으로 유도하는 인공 지능형 미사일이 된다.

이론적으로는 매력적이지만, 이 두 가지 응용 방법은 정상 세포들이 비록 낮은 농도라 하더라도 동일한 수용체를 발현한다는 점 때문에 복잡해진다. 독소가 결합된 항체는 항체의 표적이 되는 수용체를 발현하고 있는 정상 세포를 불가피하게 파괴할 수밖에 없으며, 방사능 물질이 결합된 항체는 암의 겉모습을 보여 줄 수도 있지만 동일한 표적 항원을 발현하고 있는 정상 세포들 때문에 외과 의사가 암의 정확한 위치를 찾기 어려울지도 모른다.

항암제의 가장 큰 혁신은 최근에 세포 자살의 중요성을 깨닫게 되면서 시작되었다. 많은 항암제들이 암세포의 세포 자살을 유도함으로써 성공을 거두고 있으며, 대부분의 세포가 $p53$ 단백질이 정상적으로 기능해야만 세포 자살을 유도하는 약물에 반응하기 때문에 앞으로 암 전문의들은 항암 약물 치료 전략을 세우기 전에 $p53$ 유전자의 상태를 확인하게 될 가능성이 높다.

대부분의 암은 정상적인 $p53$ 기능을 잃었기 때문에 현재 사용되고 있는 항암제에 잘 반응하지 않는 경향이 있다. 따라서 새로운 항암 치료 전략을 개발하려는 연구자들은 $p53$ 단백질이 기능을 하지 않더라도 세포 자살을 유발할 수 있는 방법을 연구해야 하며, 그렇게 하려면 세포 자살 반응을 조절하는 세포 내의 회로에 주의를 기울여야 한다. bcl-2 원형 암 유전자는 이렇게 중요한 세포 자살 반응을 조절하는 수십 개 유전자 중 하나이다. 세포 자살과 관련된 여러 유전자들의 역할——세포 자살의 촉진 또는 저해——에 관한 연구가 현재 활발하게 진행되고 있으며, 일단 이 회로의 작동 방식을 이해하면 암세포의 세포 자살을 유도하는 새로운 방법을 찾을 수 있을 것이다. 이렇게 완전히 새로운 항암 치료제 개발의 전망은 대단히 밝다!

미래로 가는 길

21세기에는 세포 회로의 모든 요소에 대해 머리끝에서 발끝까지 알게 될 것이며, 성장과 분화에 영향을 미치는 신호를 세포가 수용하고 처리하는 방식에 관한 거대한 회로도에서 모든 신호 전달 단백질이 제자리를 찾게 될 것이다.

그렇게 되면 암이라는 문제를 해결하기 위해 이전과는 다른 재능들이 필요하게 된다. 복잡한 다중 체계 분석에 재능이 있는 수학자는 생물학자에게 세포 내의 작은 컴퓨터들이 작동하는 방식을 설명해 줄 것이며, 또한 세포가 어떤 방식으로 생각하는지, 암 발달 과정 중에 어떻게 해서 탈선하게 되는지 밝혀 줄 것이다.

최근까지만 해도 세포의 삶을 조절하는 유전자와 단백질을 찾아내는 전략은 만만치 않은 실험적 문제들을 하나하나 해결하는 방식에 의존해 왔으며, 생물학자에게 더 좋은 대안은 없었다. 시간이 지나면서 우연한 발견들 덕분에 새로운 거대한 퍼즐 조각들이 하나씩 자리를 잡게 되긴 했지만 꾸준하고 지속적인 발전이 이루어지지 않았기 때문에 대부분의 연구자들은 수수께끼에 가까운 단서를 쫓아서 어떤 의미인지도 모르면서 그물을 던지곤 했으며 그것도 대부분 무위로 돌아갔다.

곧, 이런 모든 행태는 극적인 변화를 맞게 될 것이다. 몇 년 안에 우리는 더 체계적인 방법으로 세포의 구성 방식을 이해하게 될 것이며, 그런 새로운 진보의 상당 부분은 인간 세포가 지니고 있는 전체 유전자를 목록화하기 위한 전 세계적인 노력인, 인간 유전체 사업의 도움을 받게 될 것이다. 머지않아 우리는 인간 유전체에 얼마나 많은 유전자가 담겨 있는지 알게 될 것이며, 각 유전자의 염기 서열은 세포에서 이들이 담당하고 있는 역할에 관한 실마리를 제공할 것이다.

최근까지 암 억제 유전자를 찾는 일은 대단히 느리고 고통스러운 과정이었으며, 사용된 기법은 부정확한데다가 예외 없이 많은 노동력이 필요했다. 또한 중요한 유전자를 발견하는 일은 소가 뒷걸음질 치다가 쥐를 잡는 정도에 지나지 않는 경우가 많았다. 하지만 일단 인간 유전체가 모두 알려지면 암 유전자 목록은 폭발적으로 늘어날 것이다. 10여 년 내에 우리는 거의 모든 암 유전자를 확인할 수 있을 것이며, 대부분의 암에서 이들이 담당하는 역할을 이해하게 될 것이다.

다른 기술도 필요할 것이다. 인간은 다양한 종류의 암에 취약한 유전자를 지니고 있으며, 거의 대부분의 경우 이 유전자들은 아주 미묘한 방식으로 작동하면서 우리가 발암 물질을 중화하는 방식과, DNA를 효율적으로 질서 정연하게 관리하는 방식, 암이 되는 길목에 서 있는 길 잃은 세포를 효율적으로 제거하는 방식에 영향을 미친다. 인간은 모두 유전적으로 동일하지 않기 때문에 각 개인은 서로 다른 조합으로 이런 유전자를 지니게 된다. 따라서 암의 출현은 무작위적인 사건이 수렴되는 동시에 다양한 유전자의 거대한 군집이 상호 작용한 결과라고 할 수 있다.

현재 암 유전학자들은 개별 유전자들의 역할과 이들이 각각 암의 발생에 미치는 영향을 이해하는 데 모든 역량을 집중하고 있다. 하지만 절대 다수의 암은 어떤 단일 유전자들의 독립적인 작용이 아니라 일군의 유전자들의 통합적인 작용을 통해 발생한다. 장차, 새로운 형태의 수학을 통해 여러 부류의 유전자들이 조합으로 작용해서 암의 출현을 용이하게 하는 소위 다중 유전자 암의 기원을 이해할 수 있게 될 것이다. 앞으로 10~15년 안에 우리는 한 개인이 다양한 다중 유전자 암에 걸릴 확률을 꽤 정확하게 예측하게 될 것이며, 자료 처리 및 DNA 염기 분석 자동화 분야의 거대한 진보에 힘입어 빠르고 저렴하게 예측할 수 있게 될 것이다.

유전자 지도의 작성자들이 내놓은 유전자 목록이 모든 해답을 제공하리라고 기대하기는 어렵다. 현재, DNA 염기 서열만 가지고는 대부분 단백질의 3차원 구조를 예측할 수 없지만, 이 문제는 분명히 21세기 초반까지 해결될 것이다. 이 문제를 해결하면 단백질을 직접 생화학적으로 분석하지 않더라도 암의 발달 단계에 관여하는 많은 단백질의 작용 방식을 예측할 수 있다.

정보 처리와 분석 기술이 이렇듯 혁명적으로 변화되었는데도 생화학자와 유전학자의 손이 필요한 일은 여전히 핵심 위치를 차지할 것이며, 이들은 세포 내에서 각 단백질이 의사 소통하는 방식을 찾아내야 한다. 또한 이미 일부 사용되고 있는 강력한 유전자 클로닝 전략은 살아 있는 세포의 세포질 내에서 각 단백질이 어떤 단백질과 상호 작용하는지, 이러한 단백질 상호 작용이 어떤 방식으로 거대한 통신망을 이루어 성장과 분화, 죽음에 관한 문제를 결정하는지 밝혀낼 것이다.

찾아보기

가
가족성 망막모세포종 118~119, 121, 138
가족성 암 138, 240
가족성 폴립 138, 145, 248
가족성 흑색종 214
간암 43, 100
결장암 223
고양이 육종 바이러스 64
고환암 30, 34
골수세포종증 바이러스 64, 73
골육종 121
과형성 131
과활성화 113
괴사 192
교잡유전학 108
구강암 100
구아닌 23
근육 세포 18
기생충 24
기저막 232, 234
기저세포암 146
꼬마선충 165

나
난소암 74, 101, 148, 203

내강 장기 247
너드슨, 앨프리드 118~120
뇌종양 74, 139, 203

다
다윈, 찰스 93
단백질 분해 효소 233
단일 암 유전자 돌연변이 84~85
단일 클론 항체 250~251
대장암 31, 70, 81~82, 129, 136, 179, 243
WT-1 암 억제 유전자 176
돌연변이 37~40, 44, 46, 49, 55~56, 58, 65, 68~79, 84~85, 90~91, 93~103, 105~106, 113, 116, 118~120, 125, 131, 133~138, 140, 143~145, 148, 151, 167, 169, 179, 188, 198, 200~202, 205, 226, 235, 238, 248
돌연변이원 38~39, 41, 46, 96~97, 74, 103, 140~142, 244
동종화 125, 127
드라이자, 태디우스 121
디메틸벤잔트라센 36
DCC 암 억제 유전자 134, 136
DNA 23~27, 38, 40, 44, 46, 64, 68~70, 72, 75~77, 86, 96~100, 102, 107, 115,

121, 124, 126, 128, 134, 140~146, 148,
151, 175, 183~184, 187, 194~195,
200, 205, 208, 216, 247, 255
DNA 복구 143~144, 148~149
DNA 복구 단백질 145~146
DNA 복구 효소(ATM) 146~147
DNA 복제 98~102, 143, 183~184,
201, 208~209, 211~213, 217~218
DNA 염기 서열 결정 24
DNA 종양 바이러스 217~218, 220~222
DNA 중합 효소 143, 183, 200
DNA 클론 89
딸세포 18, 25, 99, 145, 183, 209

라
라우스 육종 바이러스(RSV) 51, 56~63,
67~68, 72, 101, 215~216
라우스, 페이턴 50, 56, 58, 60, 62
레트로바이러스 63, 65~66, 68, 71~74,
215
뢴트겐, 빌헬름 35
룰리, 얼 89
림프종 73, 198

마
만성 간염 100
말단부 183~186, 203~204
망막모세포종 117~121, 136~137,
174~175
망막모세포종 단백질 212~213, 215,
219~220
매클린톡, 바버라 183
멀러, 허먼 36~37, 183
멘델, 그레고어 20~21
면역계 197

모세포 25, 98, 109~110
모세 혈관 확장성 운동실조 148

바
바르바시드, 마리아노 80
바머스, 해럴드 57, 59, 62~63
바이러스 32, 49~52, 55, 57, 60, 63,
71, 107, 195, 215, 217, 220, 222
바이러스성 암 유전자 71
박테리아 24, 32, 43~46, 52, 108~109
발암 물질 35, 39, 41~42, 46, 55~56,
65, 69, 76, 85, 244
발암 물질-돌연변이원 가설 41, 43, 45, 47
발현 21, 176
방광암 70, 76, 80, 97, 139, 142
방광암 유전자 75
방사선 49, 71, 205
백혈병 35, 51, 73
백혈병 바이러스 51
버키트림프종 77
보겔스타인, 버트 133~134
불멸화 87~89, 181, 203
블랙번, 엘리자베스 184
비숍, 마이클 57, 59, 62~63
Bcl-2 암 유전자 198, 221
Bcl-2 원형 암 유전자 252
*BRCA*1 148, 248
*BRCA*2 148, 248
비타민 C 141
B형 간염 바이러스(HBV) 100~101

사
사이클린 210~211, 213
사이클린 D 215
사이클린 의존성 키나아제 210~215

산발성 망막모세포종 118~119
산발성 암 138, 240
살모넬라균 44
3-메틸-콜라트렌 36
상피 세포 130~132, 232
색소성 건피증 147
생식 세포 40, 119, 186
석면 46, 84, 98
선종 131
설암 31
성장 억제 단백질 214
성장 억제 신호 162, 173
성장 인자 156~158, 160~161, 168, 170, 179, 229~230, 235
성장 인자 수용체 168, 170, 174, 176
성장 자극 신호 161, 164, 169~170, 172, 176
성장 자극 인자 174
성장 조절 유전자 117, 131, 140, 239
성장 촉진 유전자 222
세포 교잡 107, 111, 113
세포 분열 143, 145, 180~181, 183, 208~209, 211, 224
세포 분열의 유한성 180~181
세포 자살 193~201, 204~206, 220~221, 225, 228, 235, 252
세포 주기 시계 208~210, 213~214, 222, 239~240
세포 증식 20, 100~103, 140, 151~152, 162, 172
소세포암 122
소아암 122
수용체 160~162, 169, 251
수정란 17, 23
숙주 세포 50~51, 53, 217~218, 220~221
시다란스키, 데이비드 247
시토신 23
신경모세포종 74, 171~172, 203
신경섬유종 127, 175
신장암 127
신호 전달 163
신호 전달 단백질 167, 253
신호 전달 회로 210, 225
신호 처리 단백질 239
신호 처리 회로 161~168, 172~173, 239
신호 캐스케이드 163~165, 170

아
아교모세포종(뇌종양) 169
아데노바이러스 221~222
아데닌 23
Rb 암 억제 유전자 176
Rb 유전자 120~124, 127
ras 단백질 164, 170, 176, 247, 250
ras 암 단백질 170
ras 암 유전자 64, 72~73, 75, 84, 88~90, 105~106, 134, 136, 152, 176, 179, 247
ras 원형 암 유전자 76~77, 163~164
raf 원형 암 유전자 164
RNA 63, 216
아세틸 전이 효소(NAT) 142
아포토시스 193
아플라톡신 43
알코올 46, 98~100
암 단백질 152~153, 156, 168, 176~177, 220
암 억제 단백질 172~173, 176~177
암 억제 유전자 107~108, 113~117,

120~121, 123~128, 134~136, 139~140, 146, 152, 172~173, 179~180, 210, 225, 226, 238, 246
암 유발 물질 33
암 유전자 54~55, 57, 65~66, 69~79, 85~90, 94, 103, 106, 107, 113~114, 128, 136, 139~140, 146, 152, 167~168, 179, 197, 215, 225, 238, 246, 254
암 유전자 단백질 152, 172
암 유전체 70
암의 발병률 81~84
암의 유전성 115
암의 전이 234~236
암의 조기 진단 246
암종 132, 232
암 촉진자 103
야마기와 가쓰사부로 33~34
SV40 바이러스 220, 222
src 암 유전자 57~62, 64, 67~68, 152, 216
src 원형 암 유전자 67
에스트로겐 98, 101, 102
에이즈 테스트 44~46, 244
ATM 유전자 148
Apc 암 억제 유전자 136~138
Apc 유전자 127, 134
에이즈, 브루스 43~45, 49, 103, 141, 244
fos 암 유전자 64
fes 암 유전자 64
엑스선 31, 35~38, 96, 147, 205~206
NF-1 단백질 176
NF-1 암 억제 유전자 175~176
NF-1 유전자 175~176
myc 단백질 170~171

myc 암 유전자 64, 77~78, 89~90, 106, 136, 170~171, 196~198, 203
myc 원형 암 유전자 73~74, 77~78
역학(疫學) 29, 43, 81, 84~85, 100
열성 유전자 111, 113
염기 16 23, 96, 99, 116, 143~146, 205
염기 서열 24~25, 27, 40, 70, 75~76, 97, 115~116, 124, 128, 151, 184
염기성 섬유아세포 성장 인자(bFGF) 230
염색체 70, 77, 116, 124, 127, 134, 142, 183~184, 194, 205
예쁜꼬마선충 192
올로브니코프, A. M. 185
와일리, 앤드루 193
왓슨, 제임스 25, 40, 98, 183
우성 유전자 111, 113
원형 암 단백질 177
원형 암 유전자 63~64, 68, 71, 73~75, 96, 103, 113~114, 167, 180, 210, 216, 226
월경 주기 102, 243
위글러, 마이클 70, 80
위암 31, 74, 169, 203
유관 101
유방암 74, 101~102, 139, 148, 169, 234, 242~243
유방암 바이러스 51
유사 분열 209
유사 분열기 209
유선 상피 세포 101
유성 생식 21
유전 법칙 21
유전성 비폴립성 대장암(HNPCC) 145~146, 175, 248
유전자 19~22, 27, 38~39, 43~46,

49~50, 53~58, 60, 62, 66~67, 71, 76~77, 97, 105~106, 108, 110, 112, 115, 117, 124~127, 133, 137~140, 147, 151~152, 154, 176, 179, 187, 203, 214, 246, 248, 253
유전자 이동 68, 86, 107
유전자 이동법 69
유전자 증폭 77, 203
유전자 지도 256
유전자 클로닝 72, 107, 114, 121, 126, 238, 256
유전적 다양성 97
유전 정보 19, 23, 25, 53, 63, 70, 140, 144, 183, 186, 216
유전 형질 21
육종 132
*erb*B 암 유전자 203
*erb*B 유전자 74
*erb*B/*neu* 암 유전자 203
*erb*B2 암 유전자 106
*erb*B2/*neu* 단백질 251
E6 단백질 220
EIA 암 유전자 89
EGF 단백질 251
E7 바이러스성 암 유전자 219
이중 나선 23, 25, 27, 40, 96, 98, 183~184, 205
이중 염기 146
이형성증 131
이형 접합체 소실 125~126, 128
인간 면역 결핍 바이러스(HIV) 63
인간 방광암 유전자 72, 86
인간 유두종 바이러스 218~220
인간 유전체 22, 27, 65~67, 127, 254
인간 유전체 계획 22, 128, 254

인슐린 성장(IGF) 159
일광욕 147

자
자궁경 암 218~219
자연 살해 세포 226
자연 선택 93, 97
자외선 146~147
자유 라디칼 141, 244
잡종 세포 110~112
적백혈병 바이러스 74
전구 세포 14~15, 17, 234
전암 병소 132~133
전암성 변화 88
전암 세포 181, 187, 198, 226
전이성 대장암 234
점 돌연변이 76, 80, 105, 116
jun 암 유전자 64
종양 바이러스 50~52, 54, 56, 59, 70, 216
종양 바이러스 이론 49~53
종양학 54
중피종 84
중합체 23
쥐 육종 바이러스 64, 72
직장경 검사 130~131
직장암 223
짚신벌레 184~185
짝짓기 108

차
체세포 돌연변이 40, 119, 122~123
초파리 24, 36~39, 165, 183

카
코흐, 로베르트 32

콜타르 34~36, 69
콜타르 유도체 34
쿠퍼, 제프리 70
크릭, 프랜시스 25, 40, 98

타

텔로머라아제 184, 186~189, 204
텔로머라아제 유전자 188
티민 23
TGF-β 174~175
TGF-β 단백질 214
TGF-β 수용체 174~175, 213
T 항원 220

파

파스퇴르, 루이 32
편평상피세포암 146
폐암 31, 83, 84, 97, 139, 142, 235, 242
포트, 퍼시벌 30, 34
폴립 131, 134, 137
폴크먼, 주다 229
표적 유전자 96, 120
표적 항원 251
표피 성장 인자 수용체 161, 169
표피 성장 인자(EGF) 159, 161, 168~169
피부암 31, 34~35, 147
$p15$ 암 억제 단백질 213~214
$p16$ 암 억제 단백질 213~214
$p16^{INK4}$ 암 억제 유전자 176
$p21^{ras}$ 단백질 152
$p53$ 단백질 200~202, 205, 220~221, 252
$p53$ 암 억제 단백질 213, 221
$p53$ 암 억제 유전자 127~128, 135~136, 176, 199, 202~206
$pp60^{src}$ 단백질 152

하

하비 육종 바이러스 72
합성기 208
합성 전기 209
합성 후기 208
항산화제 141
항암 물질 244
항암제 188~189, 205~206, 252
항체 251
항체 유전자 77
해리스, 헨리 107, 109, 111~113, 115, 120~121
헤모글로빈 19
혈관 내피 세포 성장 인자(VEGF) 158, 229~230
혈관 생성 인자 230~231
혈구 세포 18
혈소판 157
혈소판 유도 성장 인자(PDGF) 157, 159, 161, 168
혈소판 유도 성장 인자 수용체 161
혈청 159
호르몬 101
환원주의 33
효모 108~109, 164~165
효소 142, 149
후두암 100
후천성 면역 결핍증(AIDS) 63
휴지기 209, 217
흑색종 146

옮긴이 **조혜성**

미국 일리노이 대학교에서 분자암학으로 박사 학위를 받고, 미국 국립 보건원에서 유전자 발현 조절에 대한 연구를 수행했다. 현재 아주 대학교 의과 대학 생화학 교실 부교수로 재직 중이며, '간암의 발생과 세포 주기 조절'에 대한 연구를 수행하고 있다. 옮긴 책으로는 『분자의학의 약속과 희망』 등이 있다.

옮긴이 **안성민**

오스트레일리아 퀸즐랜드 주립 대학교 생화학 및 분자생물학과를 졸업하고 아주 대학교 의과 대학을 졸업했다. '21세기를 이끌 우수 인재상(대통령상)'을 수상했으며, 현재 오스트레일리아 멜버른 대학교에서 종양단백체학을 주제로 박사 과정을 밟고 있다.

사이언스 마스터스 05
세포의 반란 | 로버트 와인버그가 들려주는 암세포의 비밀

1판 1쇄 펴냄 2005년 6월 30일
1판 9쇄 펴냄 2025년 2월 15일

지은이 로버트 와인버그
옮긴이 조혜성·안성민
펴낸이 박상준
펴낸곳 (주)사이언스북스

출판등록 1997. 3. 24(제16-1444호)
(06027) 서울특별시 강남구 도산대로1길 62
대표전화 515-2000 팩시밀리 515-2007
편집부 517-4263 팩시밀리 514-2329
www.sciencebooks.co.kr

한국어판 ⓒ (주)사이언스북스, 2005. Printed in Seoul, Korea.

ISBN 978-89-8371-940-9 (세트)
ISBN 978-89-8371-945-4 04400

『사이언스 마스터스』를 읽지 않고 과학을 말하지 마라!

사이언스 마스터스 시리즈는 대우주를 다루는 천문학에서 인간이라는 소우주의 핵심으로 파고드는 뇌과학에 이르기까지 과학계에서 뜨거운 논쟁을 불러일으키는 주제들과 기초 과학의 핵심 지식들을 알기 쉽게 소개하고 있다.

전 세계 26개국에 번역·출간된 사이언스 마스터스 시리즈에는 과학 대중화를 주도하고 있는 세계적 과학자 20여 명의 과학에 대한 열정과 가르침이 어우러져 있다. 과학적 지식과 세계관에 목말라 있는 독자들은 이 시리즈를 통해 미래 사회에 대한 새로운 전망과 지적 희열을 만끽할 수 있을 것이다.

01	섹스의 진화	제러드 다이아몬드가 들려주는 성性의 비밀
02	원소의 왕국	피터 앳킨스가 들려주는 화학 원소 이야기
03	마지막 3분	폴 데이비스가 들려주는 우주의 탄생과 종말
04	인류의 기원	리처드 리키가 들려주는 최초의 인간 이야기
05	세포의 반란	로버트 와인버그가 들려주는 암세포의 비밀
06	휴먼 브레인	수전 그린필드가 들려주는 뇌과학의 신비
07	에덴의 강	리처드 도킨스가 들려주는 유전자와 진화의 진실
08	자연의 패턴	이언 스튜어트가 들려주는 아름다운 수학의 세계
09	마음의 진화	대니얼 데닛이 들려주는 마음의 비밀
10	실험실 지구	스티븐 슈나이더가 들려주는 기후 변화의 과학